建筑空调联合优化策略

徐小艳◎著

中国石化出版社
HTTP://WWW.SINOPEC-PRESS.COM

图书在版编目(CIP)数据

建筑空调联合优化策略 / 徐小艳著. —北京 ：中国石化出版社，2021.8
ISBN 978-7-5114-5293-1

Ⅰ. ①建… Ⅱ. ①徐… Ⅲ. ①建筑-空调-最优分析-研究 Ⅳ. ①TU831

中国版本图书馆 CIP 数据核字(2021)第 167241 号

中国石化出版社出版发行
地址:北京市东城区安定门外大街 58 号
邮编:100011　电话:(010)57512500
发行部电话:(010)57512575
http://www.sinopec-press.com
E-mail:press@sinopec.com
北京柏力行彩印有限公司印刷
全国各地新华书店经销
*
710×1000 毫米 16 开本 8.5 印张 171 千字
2021 年 10 月第 1 版　2021 年 10 月第 1 次印刷
定价:58.00 元

前　言

信息物理融合能源系统是通过将信息网络融入能源物理系统中，在感知能源环境和建筑系统状态的基础上，集通信、计算和优化控制于一身的信息网络化系统，是我国建筑能源系统信息化与工业化以及信息化带动工业化的前提和基础。

本书围绕信息物理融合能源系统中建筑能源系统的安全和优化主题，讨论如何通过联合优化控制建筑内各环境控制系统，实现建筑总体的安全、节能和优化运行。

当前，建筑环境系统的优化和控制基本上呈松散且单一而非联合智能的现状，其难点主要包括以下几个方面：第一，当前对建筑传热传质模型、各系统的能量传输转换机理模型、各系统热平衡时间尺度问题的研究仍存在未解决的难点；第二，已建立的联合最优控制模型往往具有变量多、离散-连续混合、函数非线性和多时间尺度等特征，传统的优化方法较难使用或性能低下；第三，已有的建筑单一或部分联合优化策略，在应用过程中存在策略逻辑结构复杂、依赖参数鲁棒性差、对噪声或干扰普适性低等问题，造成优化策略性能降低，甚至高于人工经验能耗的“倒置”现象。

基于此，本书首先从当前我国所面临的能源环境的严峻挑战出发，主要围绕建筑环境联合优化控制问题中存在的理论和实际问题展开研究，概述了我国建筑能耗的现状及未来的发展预期，从而引出从建筑环境控制系统的联合优化节能层面解决和改善能源问题的意义和巨大潜力。就当前国际和我国的能源环境而言，建筑能耗占总社会能耗的比例巨大，提高建筑能源系统终端设备的能源效率，对提高信息物理融合能源系统的整体节能优化效果至关重要。

第 1 章和第 2 章从理论机理分析角度介绍了建筑环境各控制系统的典型物理结构，各环境控制系统与建筑热湿过程的物理模型和对应的数学模型，为联合优化控制模型的建立提供理论基础支撑。

第 3 章和第 4 章介绍了空调系统预开启阶段，针对最优联合控制策略的实际复杂性和不可行性，提出了基于概率的空调系统与自然通风联合控制关联规则发现方法，得到天气参数与联合控制策略的频繁模式，并以规则的形式给出了近优联合策略。进一步分析空调系统、自然通风开窗系统与建筑室内空气传热传质机理及室内空气温度、湿度变化规律，从理论上证明了当所提参数指标满足数学上的单调性特征时，联合优化策略具有阈值型规律的结论。

此外，本书还讨论了当前能源物联网相关国际学术前沿问题，并介绍了相关关键技术及理论模型，对当前建筑能源系统的安全、节能、舒适性、自动化控制等相关领域的研究人员具有较高参考价值。

本书的出版得到了西安石油大学青年博士助推计划基金的资助，同时感谢西安理工大学张贝贝教授为本书的编写提出的宝贵意见。限于笔者水平，书中难免有不妥之处，敬请读者批评指正。

主要符号对照

ANN	人工神经网络
$A_{he.FCU}$	风机盘管换热器面积
$A_{he.FAU}$	新风机组换热器面积
$B_{shading}$	遮阳板开启角度变化范围
CO_2	空气二氧化碳
COP	空调系统能量冷量转换效率
C_{ia}	室内空气二氧化碳含量
C_{oa}	室外空气二氧化碳含量
C_{occ}	单个人二氧化碳排出量
DP	动态规划
ESP	建筑能耗节能率
$Enoa$	室外空气的焓值
E_{FanFCU}	风机盘管风机能耗
E_{FanFAU}	新风机组风机能耗
E_{Light}	人工照明能耗
E_{HVAC}	空调系统能耗
$F_{w.i}$	建筑第 i 个墙体的面积
F_{win}	建筑窗体的面积
G_{FAUs}	新风机组送风量
G_{FCUs}	风机盘管送风量
G_{nv}	自然通风量
$H_{ia}^{Runo.lower}$	室内无人时，室内空气相对湿度设定下限值
$H_{ia}^{Runo.upper}$	室内无人时，室内空气相对湿度设定上限值
H_{ia}^{R}	室内空气相对湿度
$H_{ia}^{Ro.lower}$	室内有人时，室内空气相对湿度设定下限值
$H_{ia}^{Ro.upper}$	室内有人时，室内空气相对湿度设定上限值
K_{wvfcu}	风机盘管水蒸气质量传输率
K_{wvfan}	新风机组水蒸气质量传输率
N	离散模型总步长
P_{FCUs}	风机盘管换热器水蒸气压力

P_{FAUs}	新风机组换热器水蒸气压力
Q_{HVAC}	空调系统制冷量
Q_{nv}	自然通风带给室内空气冷量
$Q_{nv.app}$	自然通风在近优策略 $u_{nv.app}$ 带给室内冷量
Q_{Light}	人工照明给室内空气带来热量
$Q_{equipment}$	室内其他发热设备给室内空气带来的热量
Q_{occ}	室内人员带给空气热量
T_{oa}	室外空气温度
$T_{he.FCU}$	风机盘管换热器盘管温度
$T_{he.FAU}$	新风机组换热器盘管温度
$T_{w.i.1}$	第 i 面墙体的第 1 个节点温度
$T_{w.i.n+1}$	第 i 面墙体的第 $n+1$ 个节点温度
T_{ia}	室内空气温度
$T_{ia}^{uno.lower}$	室内无人时，空气温度设定下限值
$T_{ia}^{uno.upper}$	室内无人时，空气温度设定上限值
$T_{ia}^{o.lower}$	室内有人时，空气温度设定下限值
$T_{ia}^{o.upper}$	室内有人时，空气温度设定上限值
$V_{he.FCU}$	风机盘管换热器进风量
$V_{he.FAU}$	新风机组换热器进风量
a_{FanFCU}	风机盘管的风机性能参数
a_{FanFAU}	新风机组的风机性能参数
$c_{pi.j}$	第 i 个围护结构的第 j 层温度节点的比热容
$c_{he.FCU}$	风机盘管换热器盘管比热容
$c_{he.FAU}$	新风机组换热器盘管比热容
$h_{i.o.1}$	第 1 个墙体的第 1 个分层和室外空气的传热系数
h_{win}	窗体的传热系数
h_{ia}	第 i 个围护结构的传热系数
m_{FCUs}	风机盘管送风含湿量
m_{FAUs}	新风机组送风含湿量
m_{oa}	室外空气含湿量
m_{ia}	室内空气含湿量
m_{occ}	每个人每秒钟排出的含湿量
n_{occ}	室内人员总数目
u_{FCU}	风机盘管控制策略
u_{FAU}	新风机组控制策略
$x_{i.j}$	第 i 个墙体第 j 层温度节点的厚度

目　录

第1章 概 述

伴随着世界各国的高速城市化进程，尤其是近年来中国的高速城市化进程，每年世界建筑总能耗约占全球总能耗的40%，并产生约40%的环境污染气体。众所周知，建筑旨在为室内人员提供舒适的生活、学习、工作环境，如何在保证建筑内人员对环境舒适度要求的同时，有效降低建筑总能耗具有十分重要和巨大的社会、经济和环境意义。

中国是一个能源消耗大国。从2003年起，中国能源消耗总量已经位居全球的第二位，当前跃居全球第一。但是，中国的能源利用率比先进工业国家要低十几个百分点，单位国民生产总值能耗比先进国家高6~10倍。因此，在保证建筑内人员对环境舒适度要求和不破坏环境状态的同时，有效和高效地降低建筑能耗，提高能源利用率是我们必须要面对和解决的迫切问题。

早在2011年，建筑能耗(占比41%)已经超越工业能耗(占比30%)等其他行业位居第一。在我国，建筑能耗占社会总能耗的30%左右，并逐步有提高到35%的趋势，根据发达国家的经验和历史上升数据，这一比例还将逐渐上升到35%~40%，建筑节能空间十分巨大。因此，研究如何降低建筑能耗具有重要的研究价值和现实意义。

1.1 建筑节能方法综述

当前，建筑节能策略研究方法归纳为两种：①通过提高空调系统整体或者部分系统包括冷冻水系统、压缩机系统、冷却水系统等的能量-冷量转换效率，降低空调系统能耗，从而降低建筑能耗；②在天气参数合适和不产生冷热能源抵消浪费状态下，最大化利用自然资源，减少空调系统冷/热负荷和人工照明需求，从而降低建筑能耗。通过第一种方式进行建筑节能已有大量文献研究，而实际中，由于空调系统的复杂性，存在以下难点：首先，对空调系统运行策略较难进行整体优化，并且控制策略较难跟踪室内人员舒适状况和天气参数的变化；其次，由于空调系统结构及运行控制策略复杂，运行策略改造初期投资较大；再次，由于空调系统运行调节的时间滞后性，难以进行策略校准和室内环境的反馈闭环控制；最后，已知空调系统普遍增加了建筑的密闭性，减少了工作区域的空气流动性，同时当前各种有机建筑材料的出现，又增添了室内污染源，使其室内空气品质(Indoor Air Quality,

IAQ）不断恶化；当人员长期处于空调系统调节的相对“低温”环境时，易造成人员汗腺闭塞，血液流通不足，造成病态大楼综合征（Sick Building Symptom，SBA）等问题，因此，通过单一的空调系统策略优化进行建筑节能极易造成高能耗和室内人员不舒适状况的产生。

自然通风可以在短时间调节室内空气温度、湿度，且其调节过程可随天气参数和室内舒适度的变化及时调整，并且自然通风以非耗能方式降低空调负荷进而降低建筑能耗，同时提供清新和流动的室内空气环境，有利于提高空气品质，满足人员接触自然心理需求，有利于身心健康，高效工作。遮阳板是控制进入室内太阳辐射量和自然光照度的重要方式，其可以在合理增加室内人员接触室外太阳光照射的同时，有效将室内得热、所得自然光照度、人工照明照度进行平衡，从而在降低建筑能耗的同时，改变白天工作人员在绝大部分时间待在室内工作和生活而无法接触自然光的现状，有利于身心健康，提高工作效率。

因此，联合控制空调系统、自然通风、遮阳板、人工照明以较低能耗提供舒适室内环境要优于单一的空调系统控制方式，联合优化控制可以在保证或提高人员舒适同时，大大节省建筑能耗。基于此，本书研究在保证室内人员舒适同时，如何联合优化控制空调系统、自然通风、遮阳板、人工照明等建筑环境控制系统，使得在空调运行各阶段建筑能耗较小。在本书中，空调运行阶段包括预开启阶段、正常运行阶段和停机阶段。

1.2 空调系统组成和运行原理

空调系统是负责对室内空气环境进行调节的设备或由其组成的环境调节系统，通过控制调节空气温度、湿度及二氧化碳浓度，提高室内人员的空气舒适度，是公共建筑的主要环境控制系统和能耗消耗部分。

本书中研究的空调系统结构如图 1-1 所示。它由空调系统的末端系统和远端冷站组成，其中空调末端包含房间内空气处理设备，空调远端冷站包括冷机、冷冻水泵、冷却水泵、冷却塔以及空调管网包括水管、风管、阀门等子系统。空气处理设备和冷冻水泵通过冷冻水管与冷机相连；冷却塔和冷却水泵通过冷却水管与冷机相连。空气处理设备直接调节室内空气温度或湿度，本书主要指风机盘管和新风机组。当室内空气温度高于室内舒适度温度设定值时，冷机向空气处理设备提供低温冷冻水，空气处理设备通过自身换热管道和诱导进入的室内高温空气进行热量交换，将室内多余热量转移至冷冻水，并将处理过的冷风送入室内与室内空气进行热湿交换。换热后的冷冻水温度上升，并且流回冷机。冷机消耗电能将冷冻水中的热量转换到冷却水系统，从而继续向空气处理设备提供低温冷冻水。冷却水流出冷机后，温度升高，在冷却塔和室外空气进行热量交换，将多余热量排除到室外空气。降温后的冷却水重新流回冷机，等待下一次循环。最终，室内空气多余热量通过冷冻水、冷机、冷却水、冷却塔、室外空气等几步从室内转移到室外，空调系统的能源和能量交换关系如图 1-2 所示。

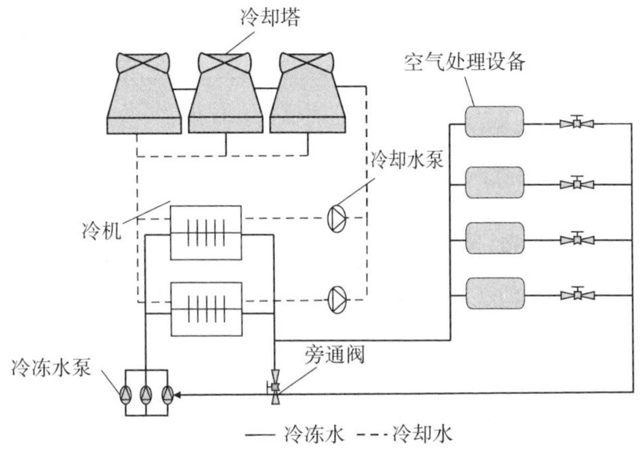

图 1-1 空调系统示意图

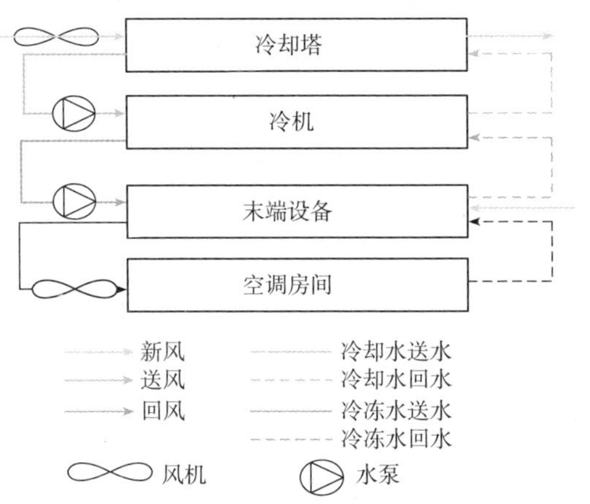

图 1-2 空调系统能量转换示意图

根据空调运行过程和在不同运行过程中室内人员对环境舒适度要求的差异，公共建筑空调系统运行过程分为三个主要阶段：空调预开启阶段、正常运行阶段和停机阶段。三阶段室内人员行为规律有时间上的耦合但并不完全一致，可以分别从空调运行阶段的时间特征和控制目标来进行区分，如表 1-1 所示。

表 1-1 空调运行三阶段时间特征和控制目标

空调运行阶段	时间特征	控制目标
预开启阶段	空调开始运行，人员还没有到达室内这一时间阶段	联合控制空调系统、自然通风使人员到达时，室内环境舒适度满足
正常运行阶段	人员随机分布在房间内	联合控制空调系统、自然通风、遮阳板、人工照明使环境舒适度满足

续表

空调运行阶段	时间特征	控制目标
停机阶段	空调系统开始关闭，人员在停机阶段末尾时刻离开房间	联合控制空调系统、自然通风使在停机过程中环境舒适度满足

1.3 室内环境舒适度指标

当前，衡量室内环境舒适度的指标或方法包括预测平均投票值(Predicted Mean Vote，PMV)、有效温度(Effective Temperature，ET)，以及室内空气温湿度设定值等。然而，J. F. Nicol 等通过模拟和实际测量证实人员对环境的舒适感觉不是一个固定常量值，是一个动态变化过程，随时间、天气参数、室外环境、人员行为特征等因素的变化而变化；且随着传感器技术和室内环境学的发展，监测室内空气温度、相对湿度、二氧化碳浓度参数在实际中较为容易，为多舒适度指标提供基础。因此，本书结合之前研究两种方法的优点，选取室内空气温度、空气含湿量、空气二氧化碳浓度、工作面照度等指标的区间值来衡量人员舒适程度。

1.4 联合控制策略与室内舒适度指标耦合关系

空调系统、自然通风、遮阳板、人工照明等某一单一环境控制方式易造成人员对环境的不舒适和长期的人员空调病，且存在能耗相对较高等不足，而其各系统之间的联合控制可以在降低能耗的同时提高人员舒适度和满足接触自然的心理需求。因此，本书研究在保证室内人员舒适的同时，空调系统、自然通风、遮阳板和人工照明的联合优化控制这一问题。这里给出各子控制系统指单一的空调系统、自然通风、遮阳板、人工照明与人员舒适度指标、能耗的关系，如图 1-3 所示，且可知以下结论成立：

(1)空调系统、自然通风、遮阳板、人工照明对室内空气温度均有较大影响；空调系统、自然通风对室内空气含湿量、室内空气二氧化碳浓度均有影响；遮阳板和人工照明对工作面照度有较大影响。

(2)由于空调系统、自然通风、遮阳板、人工照明共同影响室内舒适度，为满足某一舒适度需求，可以通过联合控制不同设备，采取不同控制调节策略。然而，不同的控制调节策略相对应的建筑总能耗不同，通过优化各种设备之间的联合控制策略，可以达到降低空调系统和人工照明能耗的目的。例如，在室外空气温度高于室内空气温度时，如果开窗进行自然通风，可以引入室内新鲜空气，降低空调新风系统能耗，然而，此时由于室内外温差原因，造成了空调系统负荷的增加，从而增加空调系统制冷能耗。再例如，在夏季，打开遮阳板可以增加室内自然采光照度指

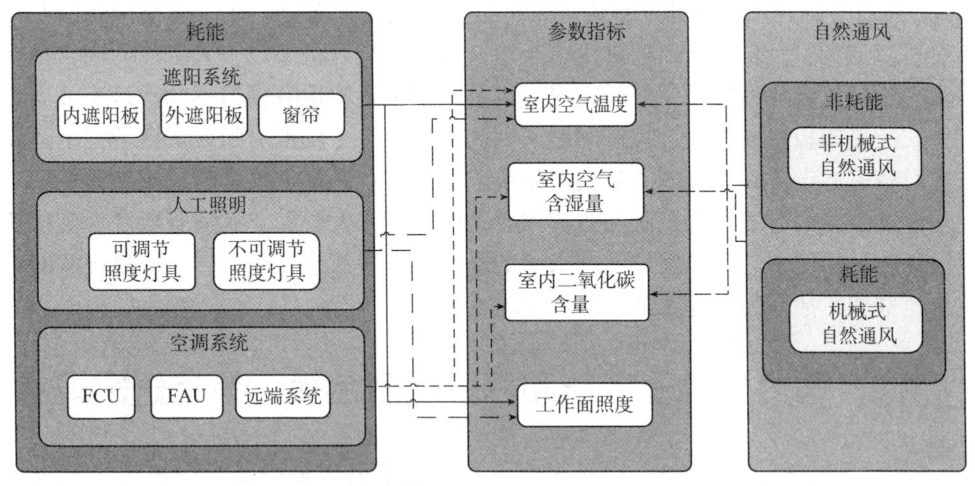

图 1-3 空调系统、自然通风、遮阳板、人工照明与室内舒适指标及能耗耦合关系

数，降低人工照明能耗，但同时也增加了室外太阳辐射的透过量，增加空调系统制冷负荷，从而增加空调系统能耗和建筑总能耗。

1.5 基于节能和舒适的联合优化策略研究难点

目前针对空调系统、自然通风、遮阳板、人工照明的联合优化控制策略研究相对较少，主要存在如下难点：

(1)适用于空调运行过程即预开启、正常运行、停机阶段中，建筑自身，空调系统包括末端 FAU、FCU，自然通风，遮阳板的模型较少，空调系统包括末端 FAU、FCU、自然通风、人工照明和遮阳板共同耦合影响室内空气温度、湿度、工作面照度、二氧化碳浓度等指标，它们之间的传热传质耦合和能耗耦合需要合适的以控制优化为目标的模型来刻画。即假若给定空调系统末端包括新风机组、风机盘管、自然通风、人工照明、遮阳板的联合控制策略，所建模型能够充分、客观、真实反映各系统之间的控制耦合、传热传质、能量-能耗耦合关系，而当前这样的模型是缺失的。

(2)当前建筑环境和能耗仿真模型基本是由建筑专业人员建立的，对建筑传热过程的刻画过于精细复杂，模型不太适合用于以优化控制为目标的优化控制问题。例如，当前较为流行的建筑能耗与环境仿真软件或平台如 EnergyPlus、Transys、DeST 等被广泛使用，然而在其上建立的房间和设备模型，一次仿真就需要几分钟甚至几小时。然而，一般的优化控制问题在模拟仿真评价时，需要对多个解分别进行性能评价，如果仿真模型刻画得过于精细复杂而缺少应用侧重，所得控制策略结构过于复杂，在实际中，较难应用且策略的实时性没有保障。

(3)对于空调系统尤其末端为新风机组和风机盘管而言，在一般空调房间是由多台所组成的，且自然通风通常由多个窗户或者换气风机组成，人工照明通常由多组具有不同发光特性的照明灯具组成，以及遮阳板通常也有多组不同透过率或者控制方式的遮阳板组成的联合控制问题。因此，通常一个模拟房间或者区域内上述设备数目较多，设备参数众多，且空调系统末端的多台风机盘管、新风机组共用一个空调冷端，这就导致优化控制问题的耦合紧密程度大大增加，且随着所联合优化控制设备数目的增多，优化控制问题求解的复杂度以指数速度递增，求解最优解的难度快速增加，甚至使得优化解的获得变得不可行。

1.6 国内外基于节能和舒适的联合优化策略研究现状

根据大量文献调研，目前缺乏对空调系统包括其末端设备新风机组、风机盘管、变风量箱、自然通风、遮阳板、人工照明的联合优化控制策略的研究工作和相关结论，文献中有不少学者研究了以上各设备的优化控制策略问题，然而这些文献研究的重点是基于对单一环境控制设备和系统的控制策略优化，而非对这些设备的联合优化控制策略的研究。下面本书将分别对不同设备的控制策略优化调研工作进行详述。

1.6.1 遮阳板优化控制策略研究现状

对遮阳板优化控制策略研究主要集中在：①对遮阳板开启策略与进入室内太阳辐射量和工作面照度的机理建模研究；②对遮阳板开启策略的优化研究；③遮阳板节能潜力量化分析研究。例如，某些文献同时考虑遮阳板开启策略对空调系统和照明能耗的影响量化关系，并且开发出依据室外太阳辐射量变化阈值的规则化的遮阳板优化控制策略，其规则概述为：当室外水平面太阳辐射量大于其设定阈值时，关闭遮阳板，以在满足室内工作面照度的同时减少室内得热，从而减小空调负荷，较好平衡由关闭遮阳板引起的人工照明能耗的增加量和空调能耗的降低量；当室外太阳辐射量小于其设定阈值时，打开遮阳板，以利于室内自然采光，在满足工作面照度同时，降低人工照明能耗，平衡由打开遮阳板引起的人工照明能耗的降低量和空调能耗的增加量。但是，这一基于粗粒度的阈值控制策略，与天气参数的灵敏度较高，其室内环境舒适度的满足率无法保证。某文献通过大量仿真模拟得到不同遮阳板开启角度策略与透过遮阳板的室内太阳辐射得热量的函数拟合量化关系，并将这一量化代数关系用于对建筑节能及室内环境控制的遮阳板开启角度优化控制策略研究。某些文献通过对大量仿真模拟分析得到室内百叶遮阳板开启角度策略与室内工作面自然光照度和人工照明照度的量化关系，提出基于模糊控制规则的百叶遮阳板角度开启自适应规则策略。

从以上文献调研可知，针对遮阳板角度开启策略的优化研究均考虑单一控制场景而非联合控制场景，基本是基于粗粒度规则化或模糊方法通过平衡进入室内太阳辐射热量和室内工作面照度、人工照明能耗、空调制冷能耗之间的关系进行研究，对遮阳板在联合控制场景的研究较少，且用于刻画其量化关系的模型目前相对较为粗糙。

1.6.2 自然通风优化控制策略研究现状

在建筑节能自然通风优化控制策略研究方面，其研究主要集中在以下四方面：①自然通风机理模型与建筑能耗量化关系的联合建模研究；②自然通风开窗策略与建筑室内空气热湿环境，人员行为量化关系研究；③自然通风节能潜力分析量化与评估研究；④自然通风环境下人体热舒适机理与建模研究。

1. 自然通风机理与建筑能耗量化关系的联合建模研究

在刻画开窗自然通风机理与建筑能耗量化关系的联合建模研究方面，由于影响开窗自然通风的机理因素较多，因此，大部分文献研究集中在对影响自然通风机理与建筑能耗量化的某一因素的建模和分析上，比如空气流动模型考虑空气的流动压差对自然通风量的影响关系研究、自然通风热适应性模型考虑热压作用下自然通风量对热压的适应性、自然通风无动力设备模型考虑完全依赖于空气的热压和风压左右自然通风量计算模型。对自然通风量计算模型的刻画往往因研究侧重点和目标不同进行某种程度的模型简化，以达到专注研究某一点和达到某一设定精度的要求。丹麦学者 Karl Terpager Andersen 对房间空气温度设定为均一场时即整体房间空气温度为均匀、一致的温度节点时，建立开窗自然通风量的计算模型，其模型对以热压为主的自然通风量计算模型中的参数因素进行了详细分析。G. R. Hunt 利用流体力学建模思想对热压和风压作用下开窗自然通风的通风量进行了流体力学建模，并通过实验进行了模型的有效性验证，但是该模型相对较为复杂，对以控制优化为目标的问题大大增加了寻优的复杂度。其他学者也对自然通风机理建模进行相关研究。

2. 自然通风优化控制策略与室内人员行为关系研究

在自然通风开窗策略与人员行为关系研究方面，Geun Young Yun 等研究了在非空调房间即单纯依靠自然通风进行环境控制调节的办公房间，人员行为与窗户的开启策略的依赖规律，其发现窗户在正常工作日中的开启状态的改变相对较小，通过研究发现窗户的开度开启策略与室内空气温度、正常工作日中的窗户开启时刻、窗户之前的开启状态有较大相关性，并且通过实验数据建立了其函数依赖关系。Nicol 等通过对六个不同国家包括英国、瑞士、法国、波多黎各、希腊和巴基斯坦自然通风房间人员对窗户、人工照明设备、遮阳板、加热器、风机的控制行为关系的研究，得到了人员对各个设备的控制行为与室外空气温度的变化关系，且发现在以上六个国家，尽管天气参数不同，但人员对开窗自然通风的使用比例最高，可见开窗自然通风是进行室内环境控制调节的重要途径；进一步其发现，在以上六个国家中，当空气温度高于 10.1℃时，人员一般都会有开窗行为，并且随着室内空气温度的升高，开窗行为的比例越来越大，最后，其给出了六个国家开窗概率与室外空气温度的函数量化关系。

3. 自然通风节能潜力量化评估分析研究

在自然通风节能潜力量化评估分析研究方面，Z. W. Luo 等研究且量化空调系统和自然通风环境控制系统中，不同自然通风策略对减小空调系统制冷/热负荷和提高室内环境舒适度的量化关系，通过对中国五个典型气候城市北京、上海、广州、昆明、乌鲁木齐各种自然通风策略下建筑能耗和室内环境舒适度的比较分析，发现天气参数对通过自然通风的热舒适及能耗均有很大的影响，为研究自然通风节能控制策略的气候适应性提供基础。R. M. Yao 等研究了中国五大气候城市并在自然通风控制策略和建筑能耗、室内热舒适度进行了模拟比较，提出自然通风制冷潜力概念，且进一步发现自然通风制冷潜力与天气参数、建筑热特性、通风策略密不可分。不足之处在于其自然通风量的刻画模型较简单，忽略了动态仿真过程中累计误差量导致模型失真的情况。Xiaoyan Xu 等研究了中国四个典型气候城市在夏季自然通风和遮阳板联合控制模式下其各自的节能潜力量化工作，其通过联合控制风机盘管、新风机组、自然通风、遮阳板、人工照明在典型工作日内的建筑能耗，比较分析在优化联合控制策略中自然通风和遮阳板相对于常规经验策略下的建筑能耗差异规律，其发现在夏季，通过自然通风的节能潜力普遍大于通过控制遮阳板的节能潜力，且自然通风节能潜力指标的变化与天气参数相关度较大，而遮阳板的节能建立受太阳高度角变化的影响较大，且在夏季测试日，由于太阳高度角变化较小的原因，遮阳板节能潜力与天气参数的变化较为平稳。

1.6.3 空调系统优化控制策略研究现状

对于空调这一独立环境控制系统的节能策略研究，即只考虑空调系统，而不考虑自然通风、遮阳板、人工照明等系统，研究者们找到了许多方法，包括：①模糊控制方法；②遗传算法；③模型预测控制方法；④系统解耦方法等。

1. 空调系统节能优化模糊控制方法

模糊控制方法是于 20 世纪 90 年代兴起的一种黑箱逻辑的控制思想，它不依赖于和不用研究空调系统内部的组织结构、其与空气的传热传质原理、空调系统与室内环境参数影响关系等，通过对空调系统输入、输出参数关系和专家知识的学习和反馈训练，找到简单且容易使用的空调系统节能运行控制策略，但是其存在的不足在于模糊控制方法所得策略往往是非最优策略，且其与最优策略的性能差难以衡量，较难基于性能差进行策略改进优化工作。

2. 空调系统节能优化遗传算法

遗传算法通过将优化控制问题建模为模拟生物物种进化、遗传和变异的规则机制，通过建立合适的适应性函数来迭代搜索优化控制问题的最优解。遗传算法首先在问题的解空间内随机生成第一代群体，其中每个个体代表优化问题的一个解，然后用类似于生物进化中的选择、遗传和变异等机制，从初始解群体即初始解集中迭代地生成下一代群体即下一组解集。通过判断不同解集中每个解个体在遗传适应度函数的性能来优化选择适应度最好的解群体，在理想情况下，每一代群体中最优解的性能会不断提高，直至算法停止条件满足。Lu Lu 等采用遗传算法对空调远端冷却水系统的总体能耗进行优化求解，得到了相应的最小冷却水泵压头、冷却塔风机转速的最优解。进一步，其采用遗传算法对空调远端系统进行了 24h 的冷冻水和冷却水系统能耗优化，得到了送风量、冷冻水送水温度、冷冻水送水量、冷冻水侧水泵压头、冷却塔系统冷却水侧水泵压头的最优取值区间。最后，在以上工作基础上，建立整个空调系统能耗优化控制模型，采用遗传算法对整个空调系统的能耗进行了策略优化。遗传算法求解空调优化问题的优点是算法思想简单易于实现，且不需要大量空调优化问题本身的结构信息，缺点是每一代群体中的最优解仅是相对于同代中的其他解而言，容易陷入局部最优解，且所得最优策略依赖于不同个体对问题理解处理方法，所得最优解结构复杂程度和性能差异较大。

3. 空调系统节能优化模型预测控制方法

近来，越来越多研究者将模型预测控制（Model Predictive Control Method，MPC）用于对空调设备的运行控制策略优化研究中。例如，在某些文献中建立的建筑和空调系统传热传质及能耗计算模型，用于计算和预测不同空调控制策略下建筑的传热动态特性和能耗，得到天气参数下建筑传热动态特性参数如室内空气温度、建筑围护墙体温度等和整体建筑能耗或成本的预测值，最后在可行的空调系统运行策略中寻找到使建筑能耗或成本最低且满足控制约束的空调系统运行控制策略。大量研究结果表明，结合天气参数和室内人员预测信息，此模型预测方法所得空调系统最优运行策略可有效地降低建筑总能耗或成本。目前，模型预测控制更多地应用在空调系统与分时电价、室内人员行为相结合的建筑节能研究方面，其主要节能思路是利用建筑墙体的蓄冷/热特性、空调系统水箱的蓄冷/热特性和在考虑能耗与成本转换时，分时电价下的建筑预制冷/预制热控制问题等。采用模型预测方法所得空调系统运行优化策略的性能精度依赖于其所建立的空调系统机理模型、天气参数、人员行为参数的预测值的精度等，找到适合以控制为目标的机理模型是方法的关键。

4. 空调系统节能优化系统解耦方法

Zhe Liu 等首先建立空调系统整体优化模型，模型包括空调远端冷却塔系统、冷却水泵和冷却水送回水管道系统，冷冻水系统、冷冻水泵和冷冻水送回水管道系统，冷机系统，空调系统末端变风量箱系统等以及送风管道系统，然后采用其所提出的分散算法将对整体空调系统的策略优化问题解耦为以各解耦部分邻接信息为耦合变量的子部分系统优化问题，然后，首先获得各子系统优化问题的最优解，通过将各子系统所得最优解固定，以耦合变量为优化决策变量，以各子系统之间耦合关系为约束，求解上层整体空调系统最优解问题，最终得到空调系统整体运行优化策略。Yao 和 Chen 利用分解和协调方法得到整体空调系统的最优解，其首先建立整体空调系统优化模型，然后将整体优化问题分解为各个部分紧密相关的子系统，同样以各子部分之间关联变量为上层优化变量，固定上层优化变量，对各子系统进行变量优化，紧接着，固定各子系统优化变量，以上层变量为优化目标对整体优化问题进行求解，最终得到整个空调系统运行的优化变量，通过系统解耦方法进行整体空调系统运行变量优化，所得优化解依赖于对整体问题解耦的思路和所选取各子系统之间的上层变量，且所得最优解一般结构较为复杂。

综合以上文献研究我们可知，在空调运行各阶段，空调系统、自然通风、遮阳板、人工照明的联合优化策略研究工作目前相对较少，已有研究基本是基于空调运行某一阶段，对某单一环境控制系统例如空调系统或自然通风或遮阳板或人工照明在能耗优化下的单一环境控制系统的策略研究，单一空调系统节能策略研究易造成高能耗或人员舒适度降低等不足，而单纯自然通风或遮阳板节能策略研究不能充分发挥各自节能潜力。因此，需要根据空调运行各阶段，人员舒适度指标与各控制变量之间的能量转换和能耗关系不同，充分结合自然通风、遮阳板、人工照度与空调系统对室内空气温度、湿度等和能耗的耦合关系，优化其之间联合控制策略，达到最大化利用自然免费冷/热源，而不产生能源抵消浪费的联合优化策略。

第 2 章　最优控制与建筑传热模型概述

2.1　最优化方法概述

最优化方法是研究在一定限制条件下，选取某种方案，以使得某种目标达到最优的一门实践性很强的学科。使得目标达到最优的方案，称为最优方案，寻求最优方案的方法，称为最优化方法。研究这种方法的数学理论，称为最优化理论。实际上，在我们的日常生活中，到处都存在最优化问题，例如：

(1)一个三级火箭燃料总量为 d，各级火箭的燃料量为 d_1、d_2、d_3，如何合理分配各级火箭的燃料量 d_1、d_2、d_3，使得火箭的最终速度达到最大且燃料总量 d 最小?

(2)某个城市可用于发展工业化的总预算投资为 a 亿元，其中有 n 个预算兴建的发展项目供选择，假定第 j 个项目的投资额为 a_j亿元，投资回报额为 c_j亿元，问如何投资可以使得总投资回报额最大?

(3)假设某市要铺设一条通信光纤线路从地点 A 到地点 B，中间要经过 n 个中间点，每个中间点又有 m_i个可供选择的方案，若选择不同两点间的所需费用已知，如何选择最好的光纤铺设途径，使得总费用最小呢?

(4)由 N 个火力发电厂组成一个供电网，设其编号分别为 $0,1,2,\cdots,N-1$，要求输出总负荷为 L，如何分配每个发电厂的发电量，在满足每个电厂最大、最小发电量约束的条件下，总的生产消耗最小?

这些生活中所遇到的实际问题都属于最优化问题，即用数学和计算机的方法获取人们在处理日常生活、生产过程、经营管理、社会发展等实际问题时，希望获得最佳结果的这一类问题。在有多种方案供选择时，最终处理结果与所选择的方案、具体措施密切相关，如何获得满足要求的方案和具体措施，使得最终处理结果最佳，称为通俗意义上的最优化方法。

2.2　最优化方法的发展

早在 17 世纪的欧洲，人们在各种实际问题中总结出了各种求最大最小的问题，以及某些求最大、最小问题的定理和法则，但当时还没有形成系统的理论。微积分中相关零点定理、不动点定理、中值定理的出现和建立给出了求函值极值的必要条件，为最优化问题的解决提供了坚实的理论基础。在之后的二百、三百年间，关于最优化问题的理论研究进展非常缓慢，这期间的工作只考虑实际中经常遇到的优化问题具有约束的复杂情况，并发展出了变分法。但当用这些精确的数学分析方法来处理具体的优化问题时却遇到了很大的困难和阻力，主要是因为求最优化问题最后所归结成的数学问题通常是极其难于处理的。

在第二次世界大战中，由于军事上的需要产生了运筹学，提出了大量不能用古典方法解决的最优化问题，进而产生了如线性规划、非线性规划、动态规划、图论等新的方法。自 20 世纪 60 年代以来，最优化技术发展迅速，已成为一门新兴的学科，而且得到了广泛的应用。

2.3 目标函数、约束条件、求解方法

目标函数是用数学模型的方法描述和处理问题所能够达到的结果或目标的数学函数，该函数的自变量表示为可供选择的方案及具体措施的一些参数或因数，最佳结果表现为在自变量取到最优参数时目标函数取最大或最小值。然而，在处理实际问题时，通常会受到实际问题相关因素的影响，如经济效率、物理条件、政策界限等许多方面的限制约束，这些限制约束的数学表达式描述称为最优化问题的约束条件。优化问题的求解方法是获得最佳结果的必要手段，该方法使目标函数取最大值或最小值，所得结果称为最优问题的最优解。针对各种类型的最优化问题，如何在可接受的时间范围，找到可靠、快捷的求得最优解的方法（理论）是最优化方法研究的主要范畴。

目标函数、约束条件和求解方法是最优化问题的三个基本要素。一般来说，实际的最优化问题都具有约束条件，对于无约束条件的最优化问题称为理想最优化问题，其最优解又称为理想最优解。

2.4 静态最优化问题与动态最优化问题

在实际中遇到的最优化问题按照系统模型与时间的关系，一般分为静态最优化问题与动态最优化问题。静态主要指在建立模型时，系统不涉及时间变量或者此时系统已经处于平衡状态的动态系统，系统所建立的数学模型的表现形式主要为代数方程而非与时间相关的微分方程或差分方程。静态最优化问题的目标就是选择最优参数取值使得所建模系统的目标函数取到最值，下文中例 1 即为静态最优化问题。

动态最优化问题也称为最优控制问题，主要指建立模型时，系统目标函数中的自变量含有所建模的动态系统的状态变量，且状态变量一般是时间的函数，即选取合适的状态变化曲线，使得目标函数达到最值。动态最优化问题的求解一般采用变分法、最大（小）值原理和动态规划方法，下文中例 2 即为动态最优化问题。

【例1】 仓库里存放有20m长的塑料管，现场施工需要100根6m长和80根8m长的塑料管，问需要领取多少根20m长的塑料管？

解：用一根20m长的塑料管，截出8m管或6m管的方法只有三种，设x_1为用一根20m的长管截出一个8m管的根数，x_2为用一根20m长管截出一个8m管和6m管的根数，x_3为用一根20m长管截出一个6m管的根数。

则在此假设下，问题的目标函数为：

$$\min n = x_1 + x_2 + x_3 \tag{2-1}$$

约束条件为：现场施工需要80根8m长和100根6m长的塑料管，

$$\begin{cases} 2x_1 + x_2 \geqslant 80, \\ 2x_2 + 3x_3 \geqslant 100, \end{cases} \quad x_i \geqslant 0,\ i = 1,2,3 \tag{2-2}$$

【例2】 物体在某种液体中做直线运动，它所受到的阻力与运动速度的平方成正比。现假设该物体要在规定的时间内$[0,t_f]$内，从起点$x(0)=x_0$到达终点$x(t_f)=S$，且终点速度不受限制。问该物体采用什么运动方式$x(t)$，它所消耗的能量最小？

解：分析题目条件可知，消耗的能量为物体在某种液体中运动克服阻力所做的功，根据物理学知识可知，为运动速度的平方乘以阻力常数系数，设为c，因此目标函数为：

$$\min J = \int_{t_0}^{t_f} x^2(t)\,\mathrm{d}t \tag{2-3}$$

约束(边界)条件为：

$$x(0) = x_0, x(t_f) = S \tag{2-4}$$

2.5 最优化方法在控制领域的应用

最优控制问题的数学描述：

首先我们通过几个具体的例子，讨论最优控制问题的一般数学表达形式。

【例3】 讨论垂直升降电梯控制问题。控制目标是电梯从当前层快速、准确地到达目的层。当然加速度是受到限制的。设垂直升降电梯的总质量为M，并作为质量单位，记所受重力为$g(t)$，控制器对M的垂直作用力为$u(t)$，正方向向上。首先我们找出如何用数学语言描述问题，其次找出最优控制策略。

解：设$x(t)$为电梯垂直向上的位移，根据物理学知识可知，如下运动力学方程成立：

$$\ddot{x}(t) = u(t) - g(t) \tag{2-5}$$

假设我们记系统的状态为：$x_1 = x$，$x_2 = \dot{x}$，则可以得到运动学方法对应的状态空间表示方法：

$$\begin{bmatrix} \dot{x}_1 \\ \dot{x}_2 \end{bmatrix} = \begin{bmatrix} 0 & 1 \\ 0 & 0 \end{bmatrix} \begin{bmatrix} x_1 \\ x_2 \end{bmatrix} + \begin{bmatrix} 0 \\ 1 \end{bmatrix} (u - g) \tag{2-6}$$

电梯在开始运动前为初始状态，记为 x_0，到达目的后为终止末端状态，记为 x_f，具体用状态空间的向量表示方式为：

$$x(t_0)=\begin{bmatrix}x_1(t_0)\\x_2(t_0)\end{bmatrix}\triangleq\begin{bmatrix}x_{10}\\x_{20}\end{bmatrix},\quad x(t_f)=\begin{bmatrix}x_1(t_f)\\x_2(t_f)\end{bmatrix}\triangleq\begin{bmatrix}x_{1f}\\x_{2f}\end{bmatrix}$$

式中，t_0 为初始时刻，t_f 为末端时刻。在实际问题中，为了使得电梯运动的加速度不能过大，通常对问题中的控制变量有客观限制，描述为约束条件：

$$|u-g|\leqslant k \tag{2-7}$$

该问题的目标函数可以表示为：

$$J=\int_{t_0}^{t_f}\mathrm{d}t \tag{2-8}$$

该垂直升降电梯问题可以描述为在允许的控制集合$\{u\mid |u-g|\leqslant k\}$中，选取最优控制策略 u^*，使得电梯驱动系统从初始状态 x_0 达到末端状态 x_f，并使得目标函数取得最小值。

【例 4】 给定二阶调节系统如图 2-1 所示，现要寻找最优控制策略 u^*，使系统的状态偏差平方和最小。

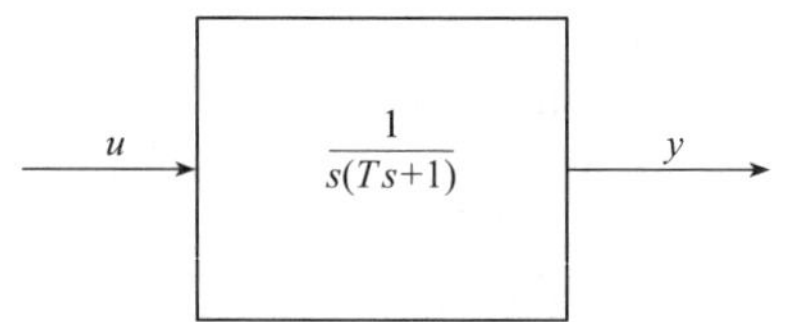

图 2-1　二阶调节系统

解：题中控制量 u 不受限制。系统的状态空间描述（能观性标准），初始状态和目标函数描述为公式(2-9)和公式(2-10)。

$$\dot{x}=\begin{bmatrix}0&0\\1&-1/T\end{bmatrix}x+\begin{bmatrix}1/T\\0\end{bmatrix}u,y=\begin{bmatrix}0&1\end{bmatrix}x;x_0=\begin{bmatrix}x_{10}\\x_{20}\end{bmatrix}\neq 0 \tag{2-9}$$

$$J=\int_0^{\infty}(x_1^2+x_2^2)\,\mathrm{d}t \tag{2-10}$$

例 3 和例 4 给出了最优控制问题的两个简单例子，通过这两个例子，我们可以得到最优控制问题数学描述的三个主要组成部分：动态系统的数学模型、系统变量所受的约束（条件）、系统的性能指标。

1. 动态系统的数学模型

要对一个动态系统实施最优控制，首先要了解被控对象的运动规律。运动规律的数学表现形式就是动态系统的数学模型。一般来说，不同对象的数学模型不同，即使是一个指定的对象，也会因使用的数学工具以及模型使用目标的不同，得到不同形式的数学模型。在现代控制理论中，特别是在最优控制范围内，常采用一阶微分方程组来描述动态系统的运动规律，称这种数学模型为最优控制问题的状态空间描述，简称为状态空间方程。一般状态空间方程可表现为：

$$\dot{x}=f(x,u,t) \tag{2-11}$$

其中，公式(2-11)是一个一阶线性或非线性微分方程，$x(t)\in R^n$ 是状态向量，$u(t)\in R^m$ 是控制向量，以向量的方式定义如下：

$$x(t)=\begin{bmatrix}x_1(t)\\x_2(t)\\\vdots\\x_n(t)\end{bmatrix},u(t)=\begin{bmatrix}u_1(t)\\u_2(t)\\\vdots\\u_m(t)\end{bmatrix},f(x,u,t)=\begin{bmatrix}f_1(x,u,t)\\f_2(x,u,t)\\\vdots\\f_n(x,u,t)\end{bmatrix}$$

2. 系统变量所受的约束条件

在实际控制问题中，系统变量间的关系除了满足状态方程式(2-11)以外，很多情况下，状态变量 x 和控制变量 u 还要受到各种约束条件的限制，例如例3中的式(2-7)。通常情况下，在讨论控制问题时，都会有控制策略的作用时间属性 $[t_0,t_f]$，其中 t_0 是起始时刻，t_f 是终端时刻。

根据约束条件与时间属性的关系，实际中约束条件又可以分为两大类：

第一类：在 $t=t_0$ 和 $t=t_f$ 时，系统变量应满足的约束条件，这类约束又称为终端点约束，包括起点约束和终点约束。约束的表现形式可以是等式约束也可以是不等式约束。

第二类：在整个控制策略作用的时段 $[t_0,t_f]$ 上，系统变量都应该满足的约束条件。根据系统变量的属性不同，针对状态变量的称为状态约束，针对控制变量的称为控制约束。约束的表现形式可以是等式约束也可以是不等式约束。

写成一般形式为：

$$g(x,u,t)=0$$
$$h(x,u,t)\leqslant 0$$

其中，$g=[g_1,g_2,\cdots,g_g]^{\mathrm{T}},h=[h_1,h_2,\cdots,h_h]^{\mathrm{T}}$。

3. 系统的性能指标

最优化问题都有一个目标函数，所谓的最优化就是使目标函数取极值。最优控制问题是最优化问题的一个分支(动态优化)。它的目标函数称为性能指标。其字面意义表明，性能指标是衡量控制系统工作好坏的标尺。要根据系统实际工作选取性能指标的调和参数。所谓最优控制就是使性能指标取最大值或最小值。最大值和最小值统称为最优值。

性能指标是根据控制目的选取的，一般具有三种形式：

$$J=\theta(x,t)\Big|_{t_0}^{t_f} \tag{2-12}$$

$$J=\int_{t_0}^{t_f}\phi(x,u,t)\,\mathrm{d}t \tag{2-13}$$

$$J = \theta(x,t) \Big|_{t_0}^{t_f} + \int_{t_0}^{t_f} \phi(x,u,t)\,\mathrm{d}t \tag{2-14}$$

(1)如果只关注始端和终端时刻的系统状态，不关心系统的运动过程，则性能函数只是始端、终端时刻状态的一个函数，如式(2-12)所示，也被称为迈耶问题。

(2)与只关注始端和终端相反，如果也同时要求运动过程中的系统状态变量和控制变量都处于有利状态，从而使得整个控制区间性能最优，那么，此时性能函数是状态变量和控制变量关于控制区间的一个积分函数，如式(2-13)所示，这类问题也称为拉格朗日问题。

(3)类型三是复合型的性能函数，既考虑系统终端状态点的性能要求，也考虑整个运动过程的良好性能，如式(2-14)所示，这类问题也称为波尔扎问题。

实际中，最优控制问题的数学模型描述常常不是唯一的，三种性能指标可以通过数学变换相互转换。迈耶问题和拉格朗日问题都能代表一般形式的性能指标，同样对于具有形式(2-14)的波尔扎问题，如果将状态空间扩展一维，引入新的状态变量 $\dot{x}_{n+1}$

$$\dot{x}_{n+1} = \varphi(x,u,t)$$

代入式(2-13)，则波尔扎问题就转换为：

$$J = \left[\theta(x,t) + x_{n+1}(t)\right]_{t_0}^{t_f}$$

此时，其形式就是迈耶问题的形式。

性能指标是根据控制性能的要求设定的，例如要求系统偏差最小、控制时间最短、能量消耗最少等，是设计控制系统的依据。

一般来说，最优控制问题可以概括性的描述为：已知式(2-14)，在给定的容许控制集合 U 中选择一个容许控制 $u(t)$，使得微分方程(2-11)的解 $x(t)$ 满足所给定的初始状态和终端状态约束，且该容许控制给出的性能函数取值最优。

分析最优控制问题的数学描述可知，性能函数的自变量是时间函数 $x(t)$ 和控制函数 $u(t)$，即自变量是时间的函数，因此，性能函数就是函数的函数，数学上或现代控制理论也称之为泛函。对泛函求最值问题也称为变分问题。因此，最优控制问题理论上属于变分问题。

最优控制问题的求解是通过应用变分法所得到的，但是最优控制问题与数学上的变分问题有以下主要区别：

在现代控制理论中，最优控制问题是从控制角度对问题进行分析和处理，突出控制问题中控制变量的作用，而状态变量与它所遵从的状态运动方程是描述系统动态变换的必不可缺少的内容。而从纯数学问题研究变分问题，不考虑各物理量在模型中的具体含义，模型中没有控制变量和状态变量之分，运动方程是整体泛函问题自变量的约束条件。

纯数学上古典变分法所研究的典型问题可以描述为：

在满足约束条件：

$$g[x(t),\dot{x}(t),t]=0 \tag{2-15}$$

以及边界约束条件：

$$m[x(t_0),t_0]=0$$
$$n[x(t_f),t_f]=0$$

从容许函数集中寻找一个最优时间函数 $x(t)$，使得泛函

$$J=\int_{t_0}^{t_f}\phi[x(t),\dot{x}(t),t]\mathrm{d}t \tag{2-16}$$

取极小值。

2.6 动态规划方法概述

系统的数学模型、目标函数和求解方法是最优化问题基本需要包含的三要素。现代控制理论普遍认为,庞特里亚金的最小值原理和贝尔曼的动态规划方法是解决最优控制问题的两种最有效方法。在最小值原理中,给出了带约束的最优控制问题取极值的必要条件。在这里我们介绍动态规划方法解决最优控制问题的主要思想——最优性原理。动态规划方法解决最优控制问题的主要思路是把要处理的最优化问题转化为多个有序的、相互关联的子最优化问题,普遍又称为多阶段决策过程。如果每一个子最优化问题的解对全局都是最优的,那么最终所分解的多个有序的、相互关联的子问题的解所形成的整体问题的最终解也是全局最优的。

2.6.1 多阶段决策过程

首先,多阶段决策过程是指在时间上或者空间上顺序相关的若干阶段子过程组成的一个完整过程。在每一子阶段都需要有相应的决策,对整个过程的性能函数而言,该阶段决策应该是最优的。由于各阶段在时间或空间上顺序相关,因此,某一子阶段的决策确定后,对其后一阶段过程的决策会有影响,从而影响到自前一阶段过程到终端过程的决策和整体性能指标。由于在某一阶段时,子过程的初始状态是前面多阶段过程及其决策所形成的结果,初始状态往往不是唯一的,并且可供选择的决策也往往不止一个。多阶段决策问题,主要是在容许控制集中选择一个最优控制,使得整体性能函数最优。

图 2-2 中的虚线框表示一个离散系统的一级子阶段过程,可以代表任何类型的子过程。图 2-2 将所研究的离散系统展示为一个时间上相关的若干阶段决策子过程,每一阶段子过程的状态方程为:

$$x(k+1)=A(k)x(k)+B(k)u(k),\ k=0,1,2,\cdots,N-1 \tag{2-17}$$

系统从初始状态 $x(0)$ 经过 $x(1)$，$x(2)$，…转移到状态 $x(N)$ 的过程称为 N 阶段过程。当 $N>1$ 时，我们称之为多阶段过程。最优控制问题就是，对于系统

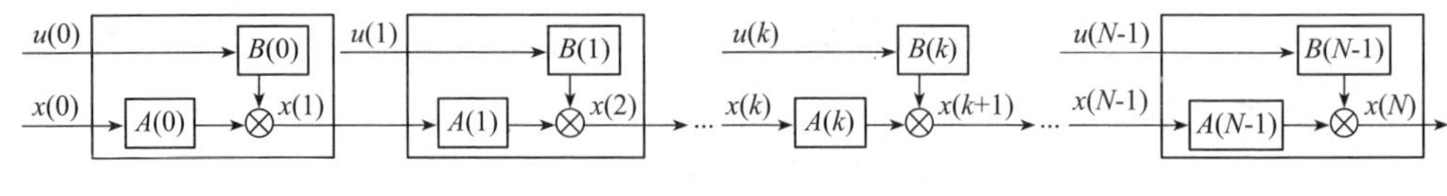

图 2-2　多阶段决策过程

(2-17)，寻找每一阶段的控制量 $u(k)$，使得性能函数

$$J(u)=h[x(N)]+\sum_{k=0}^{N-1}g[x(k),u(k)] \tag{2-18}$$

最小。控制量 $u(k)(k=0,1,\cdots,N-1)$ 称为最优控制。

从图 2-2 分析，在系统过程处于第 k 阶段时，只要得到状态 $x(k)$，第 k 阶段的决策就与其前面的决策及状态的演变过程无关，这种特性称为决策的无后效性。无后效性过程的特点就是当前状态 $x(k)$ 及其以后对系统施加的控制作用决定着后续的状态转移过程。至于状态 $x(k)$ 是如何被转移过来的，与后续阶段的决策过程无关。

动态规划的决策思想是利用多阶段过程的无后效性特点，从最后一阶段开始进行最优决策，逐步倒推到最初阶段。为使最后一阶段过程最优，需要选择最优决策 $u(N-1)$。假设最后一阶段的初始状态 $x(N-1)$ 已知，选取 $u(N-1)$ 就相对容易。以此过程进行递归，选取倒数第二阶段的最优决策，逐步倒推到最初阶段。

假设在做第 k 阶段决策时，从 $k+1$ 阶段到 N 阶段的最优决策已经得到，假设 k 阶段初始状态 $x(k)$ 已知，则根据 k 阶段初始状态 $x(k)$ 确定 k 阶段的最优决策 $u(k)$，以此每次选择最优决策时，只需考虑多阶段决策中一个阶段，使得复杂的多阶段决策问题简单化。

【例 1】 最优路线问题：某城市需要从 A 地到 P 地铺设一条煤气管道，需要经过 5 个中间站，两点之间的连线以及上面的数字表示两点之间的距离，工程上要求使用的管材最少，即给出一条从起点 A 到终点 P 的最短路径。

如果从起点 A 开始寻找最优决策，那么，采用遍历寻优的方法，必须计算起点 A 到终点 P 的所有可供选择的路径长度，然后从中选取路径最短的最短路径。图 2-3 所给的从起点 A 到终点 P 的路径总数是 $2\times3\times2\times2.5\times2\times1=60$ 条，其中有许多是重复的，阶段数越多，则其中不必重复计算的就越多，如果实际问题中，各阶段的节点数越多，则重复计算量级数增加。而转换思想，从最后一阶段开始寻优，则可以避免重复计算，提高算法寻优效率。在图 2-3 中，底线下方的数字表示多阶段过程的各阶段顺序编号。

在图 2-3 中，共有 6 个阶段需要作出决策。在最后一阶段 $(k=5)$ 有两个出发点，每个出发点对应一个路径可供选择，记为：

$$J_5^*(N)=4,J_5^*(O)=3$$

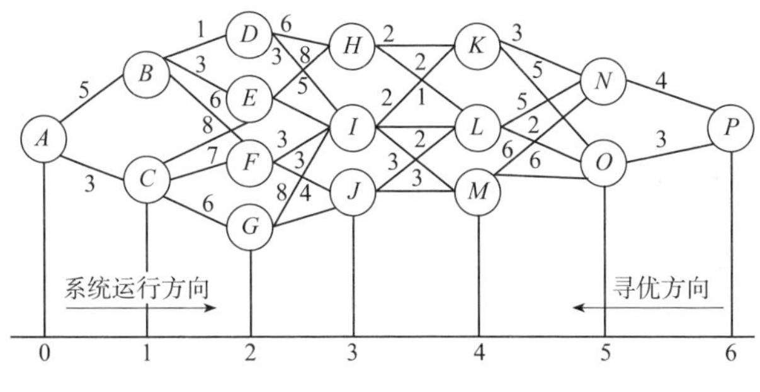

图 2-3 最优路线图

性能函数的下标表示该阶段在多阶段决策过程中的序号，括号内的字母表示对应的该阶段的初始状态点。

倒推一个阶段，得到

$$J_4^*(K)=\min\begin{Bmatrix}3+J_5^*(N)=7\\5+J_5^*(O)=8\end{Bmatrix}=7,\ J_4^*(L)=\min\begin{Bmatrix}5+J_5^*(N)=9\\2+J_5^*(O)=5\end{Bmatrix}=5$$

$$J_4^*(M)=\min\begin{Bmatrix}6+J_5^*(N)=10\\6+J_5^*(O)=9\end{Bmatrix}=9$$

在第四阶段共有 3 个初始点，每个出发点都有 2 条路径供选择，经过比较，选取最短路径。

$$J_3^*(H)=\min\begin{Bmatrix}2+J_4^*(K)=9\\2+J_4^*(L)=7\end{Bmatrix}=7,\ J_3^*(L)=\min\begin{Bmatrix}3+J_4^*(L)=8\\3+J_4^*(M)=12\end{Bmatrix}=8$$

$$J_3^*(M)=\min\begin{Bmatrix}2+J_4^*(K)=9\\2+J_4^*(L)=6\\2+J_4^*(M)=11\end{Bmatrix}=6$$

在第二阶段，最优决策为：

$$J_2^*(D)=\min\begin{Bmatrix}6+J_3^*(H)=13\\8+J_4^*(I)=14\end{Bmatrix}=13,\ J_2^*(E)=\min\begin{Bmatrix}3+J_4^*(H)=10\\5+J_5^*(I)=11\end{Bmatrix}=10$$

$$J_2^*(F)=\min\begin{Bmatrix}3+J_3^*(I)=9\\3+J_3^*(J)=11\end{Bmatrix}=9,\ J_2^*(G)=\min\begin{Bmatrix}8+J_3^*(I)=14\\4+J_3^*(J)=12\end{Bmatrix}=12$$

在第一阶段,最优决策为：

$$J_1^*(B)=\min\begin{Bmatrix}1+J_2^*(D)=14\\3+J_2^*(E)=13\\6+J_2^*(F)=18\end{Bmatrix}=13,\ J_1^*(C)=\min\begin{Bmatrix}8+J_2^*(E)=18\\7+J_2^*(F)=16\\6+J_2^*(G)=18\end{Bmatrix}=16$$

$$J_4^*(M)=\min\begin{Bmatrix}6+J_5^*(N)=10\\6+J_5^*(O)=9\end{Bmatrix}=9$$

而
$$J_0^*(A)=\min\begin{Bmatrix}5+J_1^*(B)=18\\3+J_1^*(C)=19\end{Bmatrix}=18$$

至此，得到最短路径的总长度为 18。根据各阶段的决策，从起点 A 开始，逐阶段确定最优路径所经过的点，最终所得到的最优路径为：

$$A\to B\to E\to H\to L\to O\to P$$

在本例中，动态规划方法进行寻优时，一共做了 29 次加法运算，19 次大小比较运算得到最短路径。相比于从起始点 A 到终点 P 的穷举法寻优，需要将可能的 60 条线路的距离计算出来，需要做 330 次加法运算和 59 次大小比较运算，才能确定最短路径。

2.6.2　最优性原理

从上述最短路径寻优例子中，找到了从起始点 A 到终点 P 的最优路径 $A\to B\to E\to H\to L\to O\to P$。同时，从任何中间节点到终点 P 的最短路径与从起点 A 到终点 P 的最短路径重合。例如，从节点 H 出发到终点 P 的最短路径为 $H\to L\to O\to P$。贝尔曼将以上现象和性质总结为最优性原理。

最优性原理：一个最优决策应具有这样的性质，不管初始状态和初始决策如何，剩下的最优决策对于从这一阶段开始的后续多阶段过程而言，仍然是一个最优决策。

利用最优性原理，可以将多阶段决策问题变换为一个连续递推过程，由终点阶段向前逐阶段推算。

最优性原理的数学模型表达如下：

设 n 维离散系统为：

$$x(k+1)=a[x(k),u(k)],\ k=0,1,2,\cdots,N-1 \tag{2-19}$$

要求出最优控制 $u^*(k)$，使得性能函数为：

$$J(u)=h[x(N)]+\sum_{k=0}^{N-1}g_k[x(k),u(k)] \tag{2-20}$$

最小。式(2-20)中阶段数 N 是固定的。

记 J_N 为达到终点状态 $x(N)$ 的最后阶段的性能函数值，即有

$$J_N=h[x(N)]$$

当 $k=N-1$ 时，得到

$$J_{N-1}=J_N+g_{N-1}[x(N-1),u(N-1)]$$

控制变量 $u(N-1)$ 对阶段 $N-1$ 的状态 $x(N-1)$ 无任何影响，只能改变之后阶段的状态变量 $x(N)$ 的值，而且控制变量 $u(N-1)$ 是当前状态 $x(N-1)$ 的函数，记最优控制对应的性能函数为：

$$J_{N-1}^*[x(N-1)]=\min_{u(N-1)}\{h[a(x(N-1),u(N-1))]+g_{N-1}[x(N-1),u(N-1)]\}$$

将此递推公式，推导到一般情况，得到阶段 k 和阶段 $k+1$ 的递推公式为：

$$J_k^*[x(k)] = \min_{u(k)}\{J_{k+1}^*[a(x(k),u(k))]+g[x(k),u(k)]\} \tag{2-21}$$

公式(2-21)称为贝尔曼递推方程，动态规划的基本递推关系式。

假设已知的 $k+1$ 阶段过程的最优性能函数 $J_{k+1}^*[x(k+1)]$，根据递推公式确定最优控制，可得到 k 阶段过程的最优性能函数 $J_k^*[x(k)]$。动态规划的寻优算法是从最后阶段开始，利用公式(2-21)逐阶段倒推，得到多阶段过程的最优决策和最优性能函数。递推公式指明，每一步倒推时，并不是孤立地考虑当前阶段的过程，而是从该阶段到最后阶段所有过程的整体最优决策，使得“整体”的性能指标最优。

【例2】 已知离散线性时不变系统的状态方程、初始状态和性能指标为：

$$x(k+1) = 2x(k) + u(k),\ x(0) = 1,\ J = \sum_{k=0}^{2}[qx^2(k) + ru^2(k)]$$

式中，$q=1$，$r=1$。试确定最优控制策略 $u(0)$、$u(1)$、$u(2)$，使得上述性能指标最小(图2-4)。

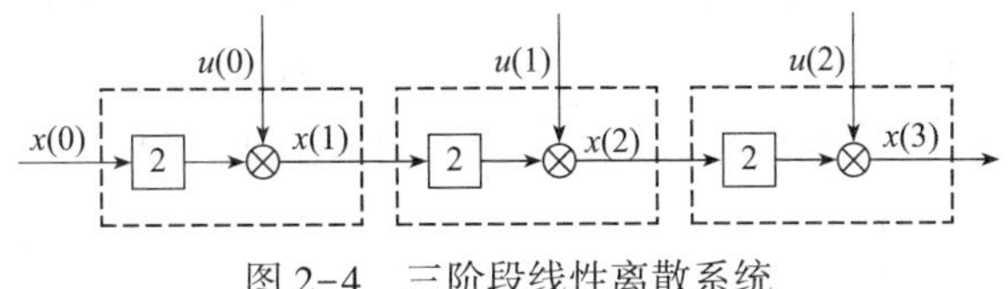

图2-4 三阶段线性离散系统

解： 第一步：由于控制变量 $u(2)$ 不能改变状态变量 $x(2)$，因此，该阶段的最优决策及性能函数可以表示为：$u^*(2)=0$，$J_2^*=x^2(2)$。

第二步：倒推一阶段，性能函数为：

$$J_1=J_2^*+x^2(1)+u^2(1)=[2x(1)+u(1)]^2+x^2(1)+u^2(1)$$

对表达式进行配方后，可得

$$J_1^*=\min_{u(1)}\{2[u(1)+x(1)]^2+3x^2(1)\}$$

则该级的最优决策以及性能指标为：

$$u^*(1)=-x(1),\ J_1^*=3x^2(1)$$

第三步：再倒推一阶段，性能函数为：

$$J_0=J_1^*+x^2(0)+u^2(0)=3[2x(0)+u(0)]^2+x^2(0)+u^2(0)$$

对表达式进行配方变换，得到

$$J_0^*=\min_{u(0)}\{4[u(0)+1.5x(0)]^2+4x^2(0)\}$$

则该阶段的最优决策及性能函数为：

$$u^*(0)=-1.5x(0),\ J_0^*=4x^*(0)$$

最后，根据动态规划优化方法所确定的最优控制策略序列为：

$$u^*(0)=-1.5, x^*(1)=0.5, u^*(1)=-0.5, x^*(2)=0.5, u^*(2)=0$$

2.7 建筑热过程模型

建筑热过程模拟优化的基础是以建筑热过程模拟为基础，其基本问题是对于给定的建筑给出在不同气象条件下，不同的使用状况下包括室内人员与设备、外窗开启情况等，以及建筑环境控制系统包括采暖和空调系统送入室内不同的冷热量的条件下，建筑物内空气温度的变化情况。在此基础上分析优化为了维持所要求的建筑内热湿环境所要消耗的冷热量，得到不同形式的采暖空调系统在优化策略下运行的性能函数。

要解决建筑热过程模拟优化问题，首要的问题就是根据实际的建筑热过程建立描述其变化的准确的物模模型和数学模型，通常的思路是全面归纳影响建筑热过程的各种因素及其物理约束规律，以此为基础建立物理模型，最后归纳为数学模型进行表述和求解。

2.7.1 建筑热过程的物理模型

对于建筑中的某一个房间而言，影响其热过程变换的因素主要包括以下 4 个方面：①各种外扰通过维护结构的热传递过程；②各种内扰的室内热传递过程；③室内外通风换气过程；④空调系统投入的冷热量过程，如图 2-5 所示。

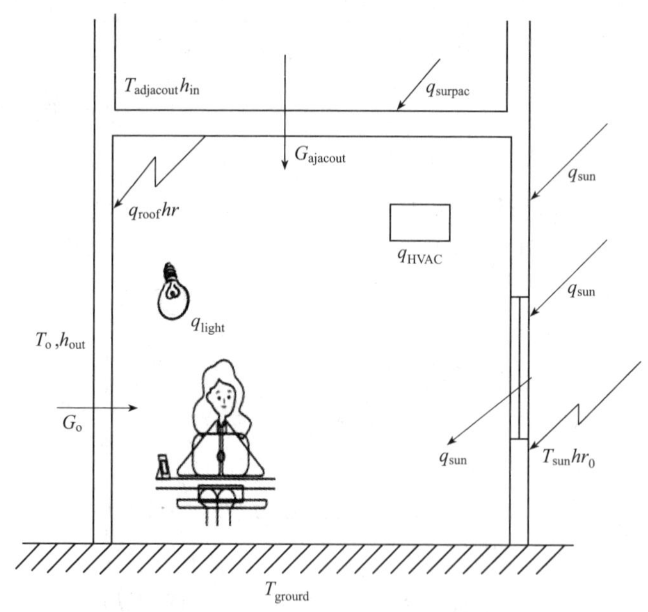

图 2-5 建筑房间热过程物理模型

一个孤立的房间的外扰包括室外气象条件(比如室外空气温度、室外太阳辐射、室外风向和风速)和周围环境热湿状况(比如周围环境的表面温度)。对于建筑内的某一房间而言，其邻居房间的热湿状况也应该看作一种外扰，这些扰量主要通过相互之间的围护结构的热传递过程影响目标房间的室内围护内表面温度，并进一步通过对流、辐射等方式影响目标房间的室内空气温度。同时，太阳辐射还可通过透射窗户直接影响目标房间的围护内表面温度，进而通过对流、辐射等方式影响目标房间的室内空气温度。

内扰对房间的热湿影响作用主要包括显热和潜热两个方面。人体和设备的散湿过程伴随着潜热散热，它们会直接影响到室内空气，改变室内空气的焓值。而人体和设备的散热过程则是以两种方式影响着室内空气的热状态，一种方式是以对流方式直接传递给室内空气，另一种方式是以辐射形式向其所在周围的围护结构各表面进行热传递，之后再通过各围护结构内表面与室内空气之间进行对流换热，逐渐将热量传递给室内空气。

室内外通风是室外空气直接与室内空气进行混合，因此室外空气的热湿状态直接改变室内空气的热湿状态，进而改变目标房间室内空气的温度和湿度。

空调系统可以通过送风的方式传递冷热量进入目标房间，此时其热湿交换过程和室内外通风类似。

总之，建筑房间在外扰和内扰作用下，其所接受的潜热量将直接、全部、立刻影响到室内空气的热湿状态。而建筑房间所接受的显热量则不同，其中通过与外部空气进行混合而带来的显热量直接、立刻影响室内空气的热湿状态；而其他的内扰和外扰的作用则都是通过以对流形式的换热过程立刻影响室内空气热状态，通过以辐射形式的换热过程则需要经过围护结构壁体的温度变化过程，进而再以对流方式影响室内空气热状态。

2.7.2 建筑热过程的数学模型

实际中，大多数建筑都是由大量的具有很大热惯性的钢筋混凝土或砖墙砌体组成的，当室外或者室内空气温度变化时，这些砌体内的温度也会发生相对缓慢变化，同时吸收或放出热量。因此，必须准确描述这一蓄热放热的动态过程，才能对建筑热过程进行准确的模拟优化。

首先，对于一面由多层材料组成的砌体，假设沿其表面方向结构均匀，且厚度远小于砌体表面的规格(长和宽)尺度，因此可以忽略其内部沿平行于表面方向的导热过程，省略为按一维过程分析其沿厚度方向的导热过程。

$$C_p\rho\frac{\partial T}{\partial t}=\frac{\partial T}{\partial x}\left(k\frac{\partial T}{\partial x}\right) \tag{2-22}$$

式中 T——砌体内的温度，℃；

C_p——砌体材料的比热，kJ/(kg·℃)；

ρ——砌体材料的密度，kg/m^3；

k——砌体材料的导热系数，W/(m·℃)；

x——砌体的厚度方向。

在室内一侧，式(2-22)的边界条件可以表示为式(2-23)：

$$-k\frac{\partial T}{\partial x}\bigg|_{x=l}=h_{in}(T_a-T)+q_r+\sum_j hr_j(T_j-T)+q_{r.in} \tag{2-23}$$

式中 h_{in}——砌体内表面与空气的对流换热系数，W/(m²·℃)；

T_a——目标房间室内空气温度，℃；

q_r——砌体内表面吸收的透过窗户的太阳辐射热量，W/m²；

$q_{r.in}$——目标房间内人和设备等以辐射方式传递到室内一侧表面的热源，W/m²；

hr_j——T_j 的围护表面 j 与该表面的长波辐射换热系数，W/(m²·℃)；

Σ——对目标房间所有可见表面进行求和。

当砌体的另一侧也是室内时，其边界条件同式(2-23)，不过此时边界约束条件 $x=l$ 变为 $x=0$，即

$$k\frac{\partial T}{\partial x}\bigg|_{x=0}=h_{in}(T_a-T)+q_r+\sum_j hr_j(T_j-T)+q_{r.in} \tag{2-24}$$

当砌体的另一侧为室外时，其边界条件表达形式相同，则有

$$k\frac{\partial T}{\partial x}\bigg|_{x=0}=h_{out}(T_o-T)+q_{r.o}+hr_{out}(T_{env}-T) \tag{2-25}$$

式中 hr_{out}——砌体外表面与室外空气的对流换热系数，W/(m²·℃)；

T_o——室外空气温度，℃；

$q_{r.o}$——砌体外表面吸收的太阳辐射热量，W/m²；

hr_{out}——砌体外表面与周围环境表面的长波辐射换热系数，W/(m²·℃)；

T_{env}——周围环境表面的综合温度，℃。

周围环境表面综合温度并不是一个实际存在的单一的气象要素，而是建模需要所采用的等效地表温度、天空有效温度和附近建筑表面综合温度的综合作用结果所建模采用的，经验性的计算公式为(2-26)：

$$T_{environment}=(f_s\cdot T_s^4+f_{sky}\cdot T_{sky}^4+f_{sur}\cdot T_{sur}^4)^{\frac{1}{4}} \tag{2-26}$$

式中 f_s——地面相对目标建筑房间的角系数；

f_{sky}——天空相对目标建筑房间的角系数；

f_{sur}——邻近建筑相对目标建筑房间的角系数。

不同表面的角系数的确定如表 2-1 所示。

表 2-1　建筑物对角系数经验取值

建筑情况及表面类型	对天空角系数	对地面角系数	对周围建筑角系数
市中心，与周围建筑物同等高度，垂直面	0.36	0.36	0.28
市中心，周围建筑更高，垂直面	0.15	0.33	0.52
城市，垂直面	0.41	0.41	0.18

续表

建筑情况及表面类型	对天空角系数	对地面角系数	对周围建筑角系数
乡村，垂直面	0.45	0.45	0.1
市中心，倾斜面	0.5	0.2	0.3
城市内，倾斜面	0.5	0.3	0.2
乡村，孤立建筑，垂直面	0.5	0.5	0.0

对建筑物内所有的砌体(屋顶、楼板、墙体)均适用式(2-21)~式(2-23)的动态传热方程。这些砌体构成建筑物的围护结构并且形成建筑物内的"房间"概念，对每一个建筑物的房间内的空气温度变化方程，可根据热力学第一定律描述如下：

$$C_{pa}\rho_a V_a \frac{\mathrm{d}T_a}{\mathrm{d}t} = \sum_{j=1}^{n} F_j h_{in}[T_{in.j}(t) - T_a(t)] + q_{conv} + q_f + q_{vent} + q_{HVAC} \quad (2-27)$$

式中 $C_{pa}\rho_a V_a$——建筑空间内空气的热容，kJ/℃；

F_j——建筑空间砌体的内表面 j 的面积，m^2；

$T_{in.j}$——建筑空间砌体的内表面 j 的温度，℃；

n——建筑空间的砌体内表面个数；

q_{conv}——室内人员和设备以对流方式传递给建筑空间空气的热量，W；

q_f——室内家具释放进入建筑空间空气的热量，W；

q_{vent}——室内外空气交换或与邻室的空气交换从而代入建筑空间空气内的热量，W；

q_{HVAC}——空调系统送入建筑空间内空气的热量，W。

由于砌体的蓄热和放热过程不能忽略，故建筑的热过程必须求解如公式(2-22)的偏微分方程，且公式(2-24)中 $\sum_j hr_j(T_j - T)$ 所描述的各砌体内表面之间的长波辐射换热以及与建筑内空气的温度与各砌体表面之间的热耦合关系，也要求建筑热过程的分析求解需要同时考虑整个建筑房间的各个部分。

2.7.3 建筑内单房间的热过程状态方程

为了降低求解如公式(2-22)和公式(2-24)等偏微分方程的难度，建筑热过程将砌体的传热过程简化为一维传热过程，建筑室内空气温度集结为一个温度节点，且假定砌体材料的物理热性质不随时间变化。

假设建筑单房间模型，房间由围护结构、房间内家具和室内空气组成，围护结构包括外墙、屋顶、内墙、楼板、地面、门和窗组成。

2.7.4 建筑房间围护结构的传热状态方程

根据对传热和端点条件进行描述的偏微分方程式(2-22)和式(2-23)进行空间差分，建立围护结构的传热温度差分方程组。下面分别介绍不透明围护和窗户的温度节点差分方程。

不透明围护包括外墙、屋顶、内墙、地面以及门的差分热平衡方程：多层材料所组成的不透明围护包括外墙、屋顶、内墙、地面以及门的离散方法如图 2-6 所示。

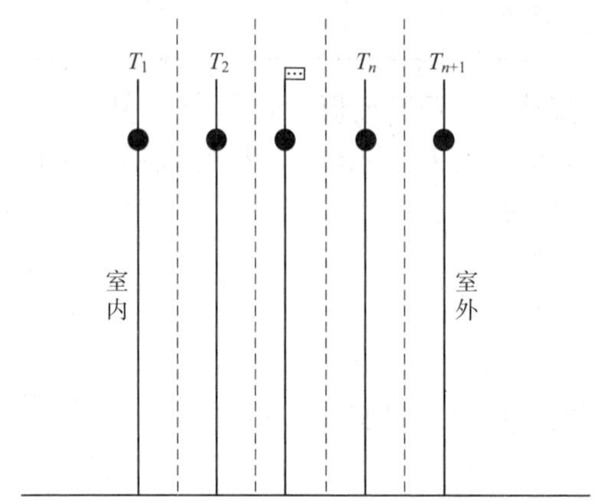

图 2-6　多层材料组成的不透明、单一围护传热温度节点示意图

在空间上，将某一多层材料所组成的不透明、单一围护划分为 n 层，划分时保证每一层物理热特性均匀，共划分为 $n+1$ 个温度节点，其中 T_1 和 T_{n+1} 分别表示建筑房间内表面和外表面的温度节点。图 2-6 中虚线又将每一层平均分为两个半层，分属于不同的温度节点控制，这样处理以后，通过分析可知，第一个温度节点的实际控制容积包括第一层的半份，最后一个温度节点的实际控制容积包括最后一层的半份，其他的第 2 个温度节点到第 n 个温度节点的实际控制容积分别包括其相邻的两个差分层的半份。

因此，多层材料组成的不透明围护内外表面温度分别对应图 2-6 中的第 1 个节点和第 $n+1$ 个节点，则此围护结构的内表面温度节点，内部温度节点和外表面温度节点的热平衡方程可以表述如下：

$$\frac{1}{2}C_{p1}\rho_1\Delta x_1\frac{\mathrm{d}T_1}{\mathrm{d}t}=h_1(T_{1,a}-T_1)+\frac{K_1}{\Delta x_1}(T_2-T_1)+\sum_j hr_{1.j}(T_{1.j}-T_1)+q_{1.rad}$$

$$\left(\frac{1}{2}C_{p.i-1}\rho_{i-1}\Delta x_{i-1}+\frac{1}{2}C_{p.i}\rho_i\Delta x_i\right)\frac{\mathrm{d}T_i}{\mathrm{d}t}=\frac{K_{i-1}}{\Delta x_{i-1}}(T_{i-1}-T_i)+\frac{K_i}{\Delta x_i}(T_{i+1}-T_i)$$

$$\frac{1}{2}C_{p.n}\rho_n\Delta x_n\frac{\mathrm{d}T_{n+1}}{\mathrm{d}t}=h_{n+1}(T_{n+1.a}-T_{n+1})+\frac{K_n}{\Delta x_n}(T_n-T_{n+1})+\sum_j hr_{n+1.j}(T_{n+1.j}-T_{n+1})+q_{n+1.rad}$$

式中 C_{pi}——第 i 个差分层的比热，J/(kg·℃)；

ρ_i——第 i 个差分层的密度，kg/m^3；

K_i——第 i 个差分层的导热系数，W/(m·℃)；

Δx_i——第 i 个差分层的厚度，m；

T_1、T_i、T_{n+1}——代表低一层、中间第 i 层和第 $n+1$ 层的温度，℃；

$T_{1.a}$、$T_{n+1.a}$——与 T_1 和 T_{n+1} 紧邻的空气温度，℃；

$q_{1.rad}$、$q_{n+1.rad}$——第一层围护和第 $n+1$ 层围护所获得热量，W/m^2；

h_1、h_{n+1}——围护结构的外表面和内表面与空气的对流换热系数，W/m^2；

$T_{1.j}$、$T_{n+1.j}$——围护结构的外表面和内表面对应的环境表面温度，℃；

$hr_{1.j}$、$hr_{n+1.j}$——围护结构的外表面和内表面与环境表面的长波辐射换热系数，W/(m^2·℃)。

2.7.5 窗户的传热平衡方程

与由多层材料所组成的不透明围护结构不同，透明围护结构窗户的传热平衡方程如下：以拥有三层玻璃的窗户为例说明窗户温度节点的热平衡方程，如图 2-7 所示。

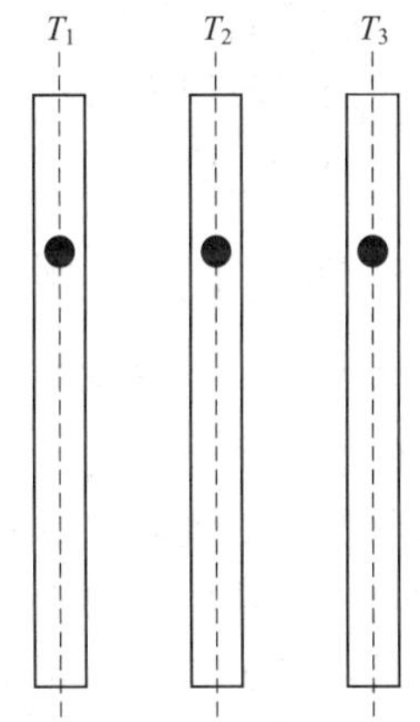

图 2-7 三层中空窗户的温度节点示意图

由于实际中窗户的热容较小，玻璃本身的热阻可以忽略，将每一层玻璃看作一个集结的温度节点，则有窗户的内层、中间层和外层玻璃温度节点的热平衡方程如下：

$$C_{p1}\rho_1\Delta x_1\frac{dT_1}{dt}=h_1(T_{1.a}-T_1)+\sum_j hr_{1.j}(T_{1.j}-T_1)+h_{2.1}(T_2-T_1)+q_1+q_{1.rad} \tag{2-28}$$

$$C_{p2}\rho_2\Delta x_2\frac{dT_2}{dt}=h_{1.2}(T_1-T_2)+h_{3.2}(T_3-T_2)+q_2 \tag{2-29}$$

$$C_{p3}\rho_3\Delta x_3\frac{dT_3}{dt}=h_3(T_{3.a}-T_3)+\sum_j hr_{3.j}(T_{3.j}-T_3)+h_{2.3}(T_2-T_3)+q_3+q_{3.rad} \tag{2-30}$$

式中

$C_{p1}\rho_1\Delta x_1$、$C_{p2}\rho_2\Delta x_2$、$C_{p3}\rho_3\Delta x_3$——窗户内层、中间层和外层玻璃的热容，kJ/℃；

T_1、T_2、T_3——窗户内层，中间层，外层的玻璃温度，℃；

$T_{1,a}$、$T_{3,a}$——与 T_1、T_3 紧邻的空气温度，℃；

q_1、q_2、q_3——各层玻璃对太阳辐射的吸收得热，W/m²；

$q_{1.rad}$、$q_{3.rad}$——窗户的第一层和第三层温度节点所获得的辐射热量，W/m²；

h_1、h_3——内层玻璃表面和外层玻璃表面与空气的对流换热系数，W/(m²·℃)；

$h_{i.j}$——两相邻玻璃表面之间的综合传热系数，W/(m²·℃)，其中包括通过空气层的传热和两个玻璃表面之间的长波辐射；

$hr_{1.j}$、$hr_{3.j}$——内层玻璃表面和外层玻璃表面与它们所对应的环境表面 j 之间的辐射换热系数，W/(m²·℃)；

$t_{1.j}$、$t_{3.j}$——内层玻璃表面和外层玻璃表面与对应环境表面的温度，℃。

2.7.6 建筑空间内家具的传热平衡方程

一般的建筑房间内都有家具的存在，并且家具在室内蓄热中起到比较重要的作用，因此，考虑单一建筑房间内的热平衡方程时，需要考虑家具的热平衡方程。实际中，由于家具的几何形状各式各样，对实际家具的几何形状进行统一的差分建模比较困难，为了简化，一般我们将家具看作一块平板进行简化处理，因此和围护结构的传热平衡方程类似，差分后其温度节点包括两个表面温度节点和若干个内部温度节点，如图 2-8 所示。

$$\frac{1}{2}C_{p1}\rho_1\Delta x_1\frac{dT_1}{dt}=h_1(T_a-T_1)+\frac{K_1}{\Delta x_1}(T_2-T_1)+\sum_j hr_{1.j}(T_{1.j}-T_1)+q_{1.rad} \tag{2-31}$$

$$\left(\frac{1}{2}C_{pi-1}\rho_{i-1}\Delta x_{i-1}+\frac{1}{2}C_{pi}\rho_i\Delta x_i\right)\frac{dT_i}{dt}=\frac{K_{i-1}}{\Delta x_{i-1}}(T_{i-1}-T_i)+\frac{K_i}{\Delta x_i}(T_{i+1}-T_i) \tag{2-32}$$

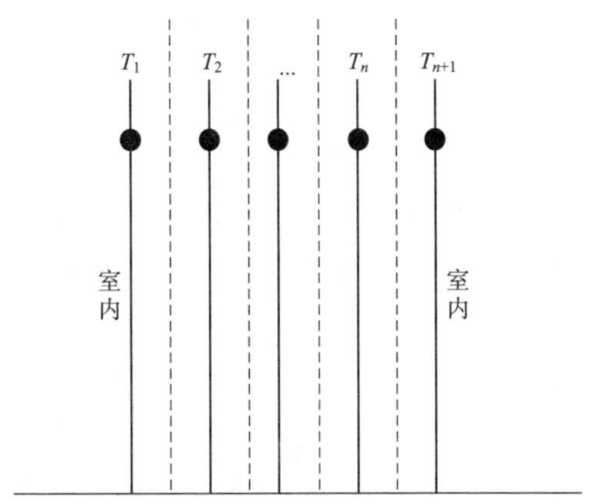

图 2-8 单一平板家具的温度节点示意图

式中 C_{pi}——近似平板家具的第 i 个差分层的比热，J/(kg · ℃)；

ρ_i——近似平板家具的第 i 个差分层的密度，kg/m^3；

K_i——近似平板家具的第 i 个差分层的导热系数，W/(m · ℃)；

Δx_i——近似平板家具第 i 个差分层的厚度，m；

T_1、T_i——近似平板家具表面节点和内部节点的温度，℃；

$q_{1.rad}$——近似平板家具表面第一层节点获得的辐射热量，W/m^2；

h_1——家具表面与空气的对流换热系数，W/(m^2 · ℃)；

T_a——建筑房间内空气的温度，℃；

$hr_{1.j}$——家具表面与房间围护内表面的长波辐射换热系数，W/(m^2 · ℃)；

$T_{1.j}$——围护内表面的温度，℃。

2.7.7 室内空气的热平衡方程

室内空气节点获得的热量包括：室内集结的空气节点与各围护表面和家具表面的对流换热，室内集结空气节点获得的室内热扰的对流热，空调热量以及室内外通风和邻室通风来的热量。因此，室内空气节点的热平衡方程如公式(2-33)所示：

$$C_{p,a}\rho_a V_a \frac{\mathrm{d}T_a}{\mathrm{d}t} = \sum h_i f_i (T_i - T_a) + C_a \rho_a G_{out}(T_{out} - T_a) + \sum_j C_p \rho_a G_{adj}(T_j - T_a) + q_{cov} + q_{HVAC} \tag{2-33}$$

式中 $C_{p,a}\rho_a V_a$——室内空气的热容，J/℃；

T_a——室内空气温度，℃；

h_i——室内表面 i 与空气的对流换热系数，W/(m^2 · ℃)；

f_i——室内表面 i 的面积，m^2；

T_i——邻室 j 的空气温度，℃；

q_{conv}——室内空气节点获得的内部热扰的对流热部分，W；

q_{HVAC}——投入室内空气的空调热量，W。

2.7.8 房间的总热平衡方程组

单一房间的热平衡方程组由围护结构、室内家具和室内空气的热平衡方程构成，以我们所讨论的房间的砌体围护结构、室内家具、室内空气的热平衡方程一起，构成整个目标房间的所有参与传热过程的温度节点的热平衡方程组，构成整个单一房间的热平衡矩阵方程：

$$C\dot{T}=AT+Bu \tag{2-34}$$

式中 C——所有构成房间热平衡方程的温度节点在单位温度变化率下的蓄热能力矩阵；

A——各相邻温度节点之间由于温度差而产生的热流流动关系矩阵；

B——各热扰与每个温度节点的作用情况矩阵；

u——作用在各温度节点上的热扰组成的向量。

假设房间由 m 个围护结构、一个家具和一个空气温度节点组成，则 $T=(T_1,\cdots,T_i,\cdots,T_m,T_{fur},T_a)^{\mathrm{T}}$，其中 $T_i=(T_{i1},T_{i2},\cdots,T_{in},T_{in+1})$ 为第 i 个围护结构的所有温度节点组成的向量，家具的温度节点向量 T_{fur} 与此类似。

矩阵方程中各项系数的具体表达形式如下：

$$C=\begin{pmatrix} C_1 & & & & & & \\ & \ddots & & & & & \\ & & C_i & & & & \\ & & & \cdots & & & \\ & & & & C_m & & \\ & & & & & C_{fur} & \\ & & & & & & C_{pa}\rho_a V_a \end{pmatrix}$$

其中，C_i 是第 i 个围护的热容矩阵 C；C_{fur} 是家具的热容矩阵；$C_{pa}\rho_a V_a$ 是室内空气的热容。第 i 个围护若被分成 $n+1$ 个温度节点，则 C_i 的具体形式如下：

$$C_i=\begin{pmatrix} \frac{1}{2}C_{p1}\rho_1\Delta x_1 f_i & & & \\ & \frac{1}{2}C_{p1}\rho_1\Delta x_1 f_i & & \\ & & \cdots\frac{1}{2}C_{p.n-1}\rho_{n-1}\Delta x_{n-1}f_i+\frac{1}{2}C_{p.n}\rho_n\Delta x_n f_i & \\ & & & \frac{1}{2}C_{p.n}\rho_n\Delta x_n f_i \end{pmatrix}$$

其中，矩阵 A 为：

$$A=\begin{pmatrix} A_1 & \cdots & A_{LWR\_1.i} & \cdots & A_{LWR\_1.j} & \cdots & A_{LWR\_1.m} & A_{LWR\_1.fur} & A_{conv\_1.air} \\ \vdots & \ddots & \vdots & \vdots & \vdots & \vdots & \vdots & \vdots & \vdots \\ A_{LWR\_i.1} & \cdots & A_i & \cdots & A_{LWR\_i.j} & \cdots & A_{LWR\_i.m} & A_{LWR\_i.fur} & A_{conv\_i.air} \\ \vdots & \vdots & \vdots & \ddots & \vdots & \cdots & \vdots & \vdots & \vdots \\ A_{LWR\_j.1} & \cdots & A_{LWR\_j.i} & \cdots & A_j & \cdots & A_{LWR\_j.m} & A_{LWR\_j.fur} & A_{conv\_j.air} \\ \vdots & \ddots & \vdots & \ddots & \vdots & \ddots & \vdots & \vdots & \vdots \\ A_{LWR\_m.1} & \cdots & A_{LWR\_m.i} & \cdots & A_{LWR\_m.j} & \cdots & A_m & A_{LWR\_m.fur} & A_{conv\_m.air} \\ A_{LWR\_fur.1} & \cdots & A_{LWR\_fur.i} & \cdots & A_{LWR\_fur.j} & \cdots & A_{LWR\_fur.m} & A_{fur} & A_{conv\_fur.air} \\ A_{conv\_air.1} & \cdots & A_{conv\_air.i} & \cdots & A_{conv\_air.j} & \cdots & A_{conv\_air.m} & A_{conv\_air.fur} & A_{air} \end{pmatrix}$$

其中，A_i 是围护 i 的系数 A 矩阵；A_{fur}是家具的系数 A 矩阵；A_{air}是建筑房间室内空气的系数 A 矩阵；$A_{LWR_i.j}$是表示围护 i 的内表面与围护 j 的内表面之间的辐射换热矩阵。

$A_{conv_i.air}$表示围护 i 的内表面与室内空气之间的对流换热矩阵；$A_{conv_air.i}$表示室内空气与围护 i 的内表面之间的对流换热系数矩阵。若围护 i 被分为 $n+1$ 个温度节点层，则 A_i的具体形式为：

$$A_i=\begin{pmatrix} -h_{1.i}f_i-\dfrac{K_1}{\Delta x_1}f_i-\sum\limits_j hr_{1.j} & \dfrac{K_1}{\Delta x_1}f_i & & & \\ \dfrac{K_1}{\Delta x_1}f_i & -\left(\dfrac{K_1}{\Delta x_1}+\dfrac{K_2}{\Delta x_2}\right)f_i & \dfrac{K_2}{\Delta x_2}f_i & & \\ & \cdots & \cdots & \cdots & \\ & & \dfrac{K_{n-1}}{\Delta x_{n-1}}f_i & -\left(\dfrac{K_{n-1}}{\Delta x_{n-1}}+\dfrac{K_n}{\Delta x_n}\right)f_i & \dfrac{K_n}{\Delta x_n}f_i \\ & & & \dfrac{K_n}{\Delta x_n}f & -h_{n+1.j}f_i-\dfrac{K_n}{\Delta x_n}f \end{pmatrix}$$

其中，$h_{1.i}$是围护 i 的内表面与空气的对流换热系数，f_i 是围护 i 的面积。

$$A_{LWR\_i.j}=\begin{pmatrix} hr_{i.j} & 0 & \cdots & 0 \\ 0 & 0 & \cdots & 0 \\ \vdots & \vdots & \ddots & \vdots \\ 0 & 0 & \cdots & 0 \end{pmatrix},\quad A_{conv\_i.air}=\begin{pmatrix} h_{1.i}f_i \\ 0 \\ \vdots \\ 0 \end{pmatrix},$$

$$A_{conv\_air.i}=\begin{pmatrix} h_{1.i}f_i & 0 & \cdots & 0 \end{pmatrix},\quad A_{air}=\sum_i -h_{1.i}f_i+h_{1.fur}f_{fur}$$

公式(2-34)中的 B 矩阵为：$B=\begin{pmatrix} B_1 \\ \vdots \\ B_i \\ \vdots \\ B_m \\ B_{fur} \\ B_{air} \end{pmatrix}$

其中，$B_1, \cdots, B_i, \cdots, B_m$ 为建筑房间的围护的系数 B 矩阵，一般的 B_i 的形式为：

$$B_i = \begin{pmatrix} 0 & h_{out}f_i & h_{in}f_i & S_i & 0 & 0 & 0 & 0 & 0 \\ 0 & 0 & 0 & 0 & 0 & 0 & 0 & 0 & 0 \\ \vdots & \vdots & \vdots & \vdots & \vdots & \vdots & \vdots & \vdots & \vdots \\ 0 & 0 & 0 & 0 & k_i & s_{si} & s_{di} & 0 & 0 \end{pmatrix};$$

家具的系数 B 矩阵为如下形式：

$$B_{fur} = \begin{pmatrix} 0 & 0 & 0 & S_{fur1} & k_{fur1} & S_{s.fur1} & S_{d.fur1} & 0 & 0 \\ 0 & 0 & 0 & 0 & 0 & 0 & 0 & 0 & 0 \\ \vdots & \vdots & \vdots & \vdots & \vdots & \vdots & \vdots & \vdots & \vdots \\ 0 & 0 & 0 & S_{fur.n+1} & k_{fur.n+1} & s_{s,fur.n+1} & s_{d.fur.n+1} & 0 & 0 \end{pmatrix}$$

空气节点的 B 矩阵为：

$$B_a = (1 \ 0 \ 0 \ 0 \ k_a \ \ s_{sa} \ 0 \ 1 \ 1)$$

上述各矩阵中，$h_{out}f_i$、$h_{in}f_i$ 表示围护 i 的外表面与室外空气或邻室空气的对流换热；S_i 表示围护外表面获得的太阳辐射热量的份额；k_i 表示围护内表面获得的室内产热的热量份额；S_{si}、S_{di} 分别表示围护内表面获得的过窗散射和直射热量的份额。家具矩阵中的元素含义类似，空气矩阵中的 1 表示空气获得了对应扰量的全部热量份额。

u 向量：

$$u = (q_{\text{空调热量}} \ T_{\text{外温}} \ T_{\text{邻室温度}} \ q_{\text{太阳辐射}} \ q_{\text{内部产热}} \ q_{\text{过窗散射}} \ q_{\text{过窗直射}} \ q_{\text{邻室通风}} \ q_{\text{室外通风}})^{\mathrm{T}}$$

第3章　基于概率泛化的预开启阶段联合近优策略

3.1　引言

本章研究空调预开启阶段，以建筑节能为目的，在保证人员舒适度同时，联合优化控制空调系统末端为风机盘管、新风机组和自然通风这一问题。当前，在空调系统预开启阶段，对空调系统末端为风机盘管、新风机组和自然通风的联合控制策略一般是基于楼宇工程师的主观控制经验，且其各自之间是非动态、非联合的，根据天气参数来判断是否要开窗自然通风以及如何开窗自然通风控制策略，是否开启空调系统以及如何运行空调，此种基于主观经验而非精确数据的经验控制策略容易造成室内环境舒适度不满意或室内冷热能源抵消浪费问题。

基于以上分析，本章首先建立空调系统末端为风机盘管、新风机组和自然通风的联合最优控制问题的数学模型，此最优控制数学模型具有控制目标和系统状态变化非线性、系统的控制和状态变量均有约束的离散-连续变量混合的最优控制问题，针对此类优化控制问题采用传统优化算法获取联合最优控制策略的计算时/空间代价高昂，且所得联合最优控制策略结构复杂，实际中较难规模化实施等不足。

针对以上不足，本章采用基于概率最大的泛化原则得到联合近优策略，研究思路为首先采用动态规划方法获取多组天气参数和室内初始环境参数下预开启阶段新风机组、风机盘管和自然通风的联合最优控制策略样本数据集，通过分析样本数据集中天气参数与最优联合控制策略的影响和对应关系，对样本数据集中天气参数进行区域归集，同时对空调系统和自然通风控制策略进行控制策略或控制状态归集，计算非样本数据集中天气参数与控制策略模式的对应关系，基于概率最大化原则，泛化获取天气参数区域和控制策略模式的映射关系并且本书以规则表的形式给出。

至此，本章得到预开启阶段，以天气参数为自变量而以联合控制策略模式为因变量的联合近优策略，且以规则表形式给出，此联合近优策略具有控制逻辑和结构简单，天气参数普适性高，实际应用中简单、易大规模实施等优点。数值仿真和实验通过与楼宇管理工程师的经验控制策略在建筑能耗和室内环境舒适度两方面的比较分析，验证本章方法所得空调系统和自然通风联合近优策略的有效性和实用性。

本章首先在第3.2节给出预开启阶段联合优化控制问题描述，对预开启阶段联合优化控制问题的控制目标，系统状态和控制变量约束等进行详细介绍；基于此，在第 3. 3 节给出联合最优控制数学模型，分析模型的结构特征；然后，在第 3. 4 节给出联合优化控制问题的国内外研究现状，归纳当前研究方法的优势和不足；进而，第 3. 5 节给出基于概率泛化原则的联合近优策略方法，并进一步给出近优策略方法的伪代码；最后，在第 3. 6 节通过数值仿真和实验证明联合近优策略在实际应用中的可行性和有效性。

3. 2 问题描述

在预开启阶段，当人员未到达室内时，确定在什么时刻、以什么策略开始联合控制空调系统和自然通风，使在人员到达室内时，室内舒适度参数指标满足设定需求，且这一过程建筑总能耗较小？这一问题需要充分考虑天气参数、室外建筑环境、建筑本身传热特性、空调系统、自然通风与室内空气的热湿影响关系和二者控制逻辑和能量耦合关系，如图 3-1 所示。

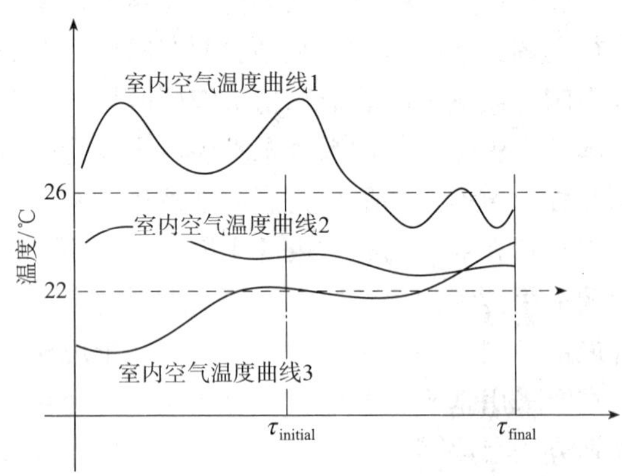

图 3-1 预开启阶段室内空气温度变化示意图

"空气温度曲线 1"表示空气温度变化示例 1，即空气温度在高于温度舒适度上限值以外，通过预开启阶段的联合控制在预开启阶段的终了时刻达到舒适范围内；"室内空气温度曲线 2"表示空气温度介于室内空气温度舒适范围内，逐渐过渡到在预开启阶段的终了时刻达到舒适区域内；"室内空气温度曲线 3"表示空气温度在低于室内空气度舒适度的下限值，通过联合控制在终了时刻达到舒适范围内。

传统上，由于建筑环境控制各子系统之间，以及各子控制系统和室内环境监测系统之间信息不能及时、有效地监测、通信和存储，对建筑内各子环境控制系统包括空调系统、自然通风、遮阳板、人工照明的控制策略是分散的，缺乏基于各子系统之间耦合关系分析的、开环的控制策略。尤其在空调系统预开启阶段，建筑环境各控制子系统完全依照工程师或者建筑使用者的主观判断和人工经验进行控制，通常造成室内环境不舒适、冷热源抵消和能耗浪费问题。

在空调预开启阶段，针对空调系统和自然通风控制策略的研究主要集中在如何优化空调系统的启动时间方面，M. Garcia-Sanz 等采用随机梯度方法对空调制热系统的预开启和停机时间的优化控制进行了研究，Florez J 等通过自适应控制方式得到了空调集中制热系统的最优启动时间，其自适应方式为通过在线学习的方式来调节自适应参数。A. L. Dexter 等通过在线学习调节的方式获得了空调制热系统的最优启动时间。Feng Zengxi 等通过建立神经网络获得了空调制热系统的最优启动时间，其通过室内空气温度变化规律，得到预开启时段与室内空气舒适设定温度、空调制冷量、空气湿球设定温度的黑箱量化关系。总体来说，目前针对空调预开启阶段，空调系统和自然通风的联合控制策略研究相对较少。

3.3 预开启阶段联合优化控制数学模型

在对问题的研究现状和特征进行分析之后，下面给出预开启阶段空调和自然通风联合最优控制数学模型如下：

3.3.1 控制目标

$$\min_{u(\tau)} J[u(\tau)] = \int_{\tau_{initial}}^{\tau_{final}} [E_{FanFCU}(\xi) + E_{FanFAU}(\xi) + E_{HVAC}(\xi)] \mathrm{d}u(\xi) \tag{3-1}$$

$$\begin{cases} E_{FanFCU}(\tau) = a_{FanFCU} G_{FCUs}^{3}(\tau) \\ E_{FanFAU}(\tau) = a_{FanFAU} G_{FAUs}^{3}(\tau) \\ E_{HVAC}(\tau) = Q_{HVAC}(\tau)/COP \end{cases} \tag{3-2}$$

下面对空调系统的末端新风机组 Fresh Air Unit(FAU)和风机盘管 Fan Coil Unit (FCU)的换热/湿原理进行详细介绍：

1. 新风机组 FAU

新风机组 FAU 属于空调系统末端设备，通常与 FCU 搭配，主要用于控制调节室内新风量，同时提供冷量需求，保证室内空气二氧化碳浓度约束和室内制冷量两方面需求。FAU 主要由风机、盘管、空气过滤器、调节装置和箱体组成，属于风-水换热/湿系统，通过 FAU 风机将室外空气诱导进入 FAU，与 FAU 盘管中冷冻水进行热湿交换或者与室内空气混合进行热湿交换后再与盘管中冷冻水进行热湿交换，将处理过的空气通过风机再次送入室内，其能量交换如图 3-2 所示。

2. 风机盘管 FCU

风机盘管 FCU 属于空调系统末端设备，直接影响对室内环境包括空气温度、含湿量、二氧化碳浓度等舒适度指标的控制调节效果，就我国目前空调系统末端形式而言，FCU 是各类宾馆和办公楼宇最常用的空调末端。FCU 属于风-水换热换湿系统，主要由风机、盘管、空气过滤器、调节装置、箱体组成。FCU 直接安装在空调室内，通过 FCU 风机将所控制室内空气诱导进入 FCU，与 FCU 盘管中冷冻水进行热湿交换，将处理过的空气通过风机再次送入室内，其能量交换如图3-3所示。

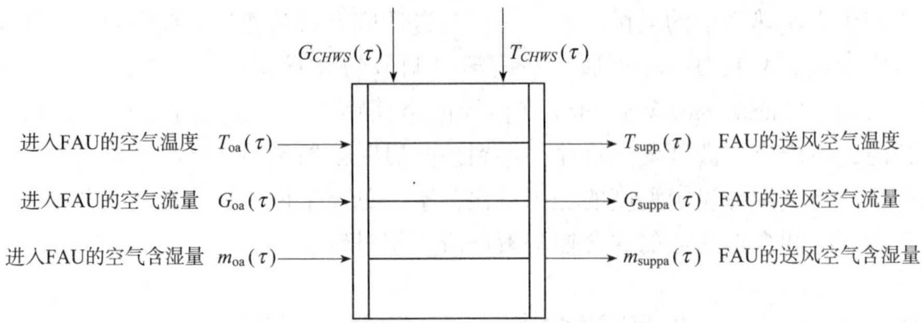

图 3-2　新风机组 FAU 热湿交换过程

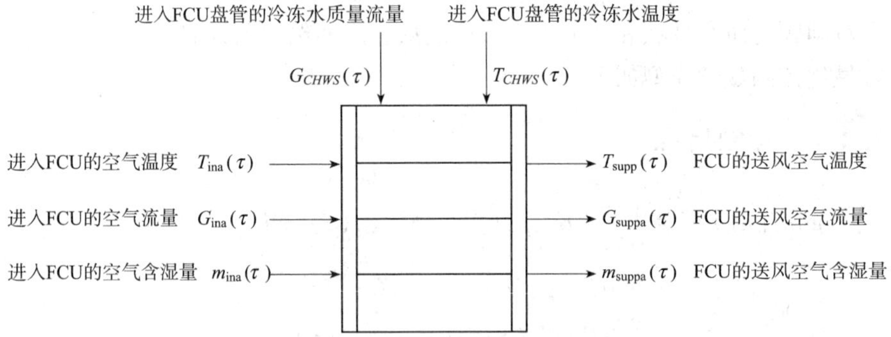

进入FCU盘管的冷冻水质量流量
进入FCU盘管的冷冻水温度
$G_{CHWS}(\tau)$
$T_{CHWS}(\tau)$
进入FCU的空气温度 $T_{ina}(\tau)$
进入FCU的空气流量 $G_{ina}(\tau)$
进入FCU的空气含湿量 $m_{ina}(\tau)$
$T_{supp}(\tau)$ FCU的送风空气温度
$G_{suppa}(\tau)$ FCU的送风空气流量
$m_{suppa}(\tau)$ FCU的送风空气含湿量

图 3-3　风机盘管 FCU 热湿交换过程

3. 自然通风机理模型

自然通风是影响建筑内空气热湿环境的重要因素，室内外自然通风对室内环境尤其是室内空气温度和含湿量的影响是直接和瞬时的，因为其带来的气流与室内空气直接混合，直接影响室内空气的热湿状况，且影响机理复杂。影响自然通风的因素包括室外风速、室外空气温度、室内空气温度、通风策略等。通常，自然通风是指通过有目的的建筑外表面上的开口产生的空气流动。根据作用力类型，自然通风可分为三类：风压单独作用的自然通风、热压单独作用的自然通风、风压与热压共同作用的自然通风。本书为了模型简化目的，仅考虑热压作用下自然通风，设定窗户总体开启面积为 A_{win}，窗户高为 H_{win}，室内外空气密度为 ρ_a，室内空气为 $T_{ia}(\tau)$，室外空气温度为 $T_{oa}(\tau)$，如图 3-4 所示。

此时，自然通风量计算模型用公式(3-3)表示如下：

$$G_{nv}(\tau)=A_{win}C_d^*H_{win}\rho_a\sqrt{\frac{|T_{ia}(\tau)-T_{oa}(\tau)|}{T_{oa}(\tau)}}\left[T_{ia}(\tau)-T_{oa}(\tau)\right] \tag{3-3}$$

式中，$|T_{ia}(\tau)-T_{oa}(\tau)|$表示室内外空气温度差值的绝对值。

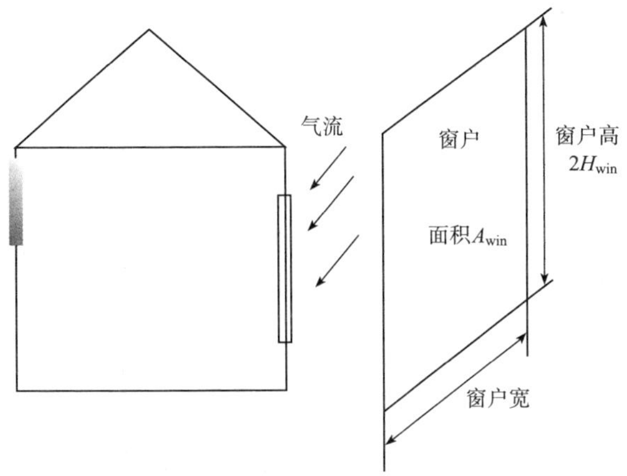

图 3-4 自然通风机理示意图

4. 室内空气含湿量状态方程

从公式(3-4)和图 3-5 知，新风机组 FAU 送风空气含湿量和室内空气含湿量差值，风机盘管 FCU 送风空气含湿量和室内空气含湿量差值，室内人员呼吸所带入的空气含湿量是影响室内空气含湿量的关键因素。

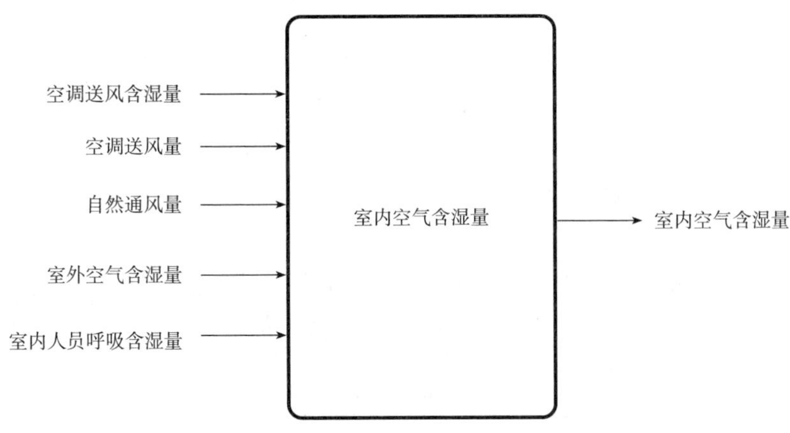

图 3-5 室内空气含湿量影响因素

$$
\begin{aligned}
\rho_a V_r dm_{ia}(\tau)/\mathrm{d}\tau = & G_{FCUs}(\tau)\rho_a m_{FCUs}(\tau) + G_{FAUs}(\tau)\rho_a m_{FAUs}(\tau) \\
& + G_{nv}(\tau)\rho_a m_{oa}(\tau) - [G_{FAUs}(\tau) + G_{FCUs}(\tau)]\rho_a m_{ia}(\tau) \\
& + m_{occ}(\tau) n_{occ}(\tau)
\end{aligned} \tag{3-4}
$$

5. 室内空气温度状态方程

从式(3-5)和图 3-6 知，通过围护结构传入室内热/冷量，通过窗户玻璃传入室内的热/冷量，室内人员代谢产生的显热和潜热量，人工照明所产生的热量，自然通风带入室内空气的热/冷量，空调系统带入室内空气热/冷量是影响室内空气温度变化的主要因素。

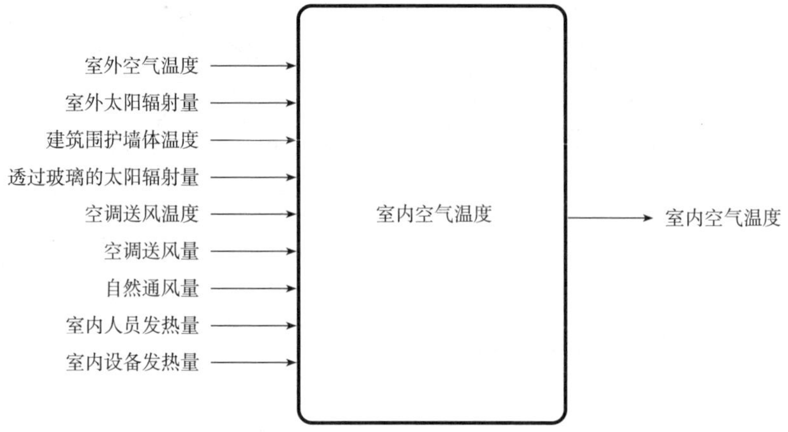

图 3-6　室内空气温度影响因素

$$
\begin{aligned}
c_{pa}\rho_a V_r dT_{ia}(\tau)/\mathrm{d}\tau = & \sum_{i=1}^{6} F_{w.i}h_{ia}[T_{w.i.n+1}(\tau) - T_{ia}(\tau)] + Q_{occ}(\tau) \\
& + Q_{light}(\tau) + Q_{equip}(\tau) + Q_{nv}(\tau) \\
& + Q_{HVAC}(\tau) + F_{wd}h_{wd}[(T_{oa}(\tau) - T_{ia}(\tau)]
\end{aligned} \tag{3-5}
$$

式中，

$$
\begin{cases}
Q_{nv}(\tau) = G_{nv}(\tau)c_{pa}[T_{oa}(\tau) - T_{ia}(\tau)] \\
Q_{HVAC}(\tau) = Q_{FAU}(\tau) + Q_{FCU}(\tau) \\
Q_{FAU}(\tau) = G_{FAUs}(\tau)c_{pa}[T_{FAUs}(\tau) - T_{ia}(\tau)] \\
Q_{FCU}(\tau) = G_{FCUs}(\tau)c_{pa}[T_{FCUs}(\tau) - T_{ia}(\tau)]
\end{cases}
$$

6. 室内空气二氧化碳含量状态方程

从式(3-6)和图 3-7 知，对室内空气二氧化碳含量有影响的关键因素包括自然通风室内外空气二氧化碳含量差值，FAU 送入室内的新风与室内空气二氧化碳含量差值，室内人员呼吸产生的二氧化碳含量。

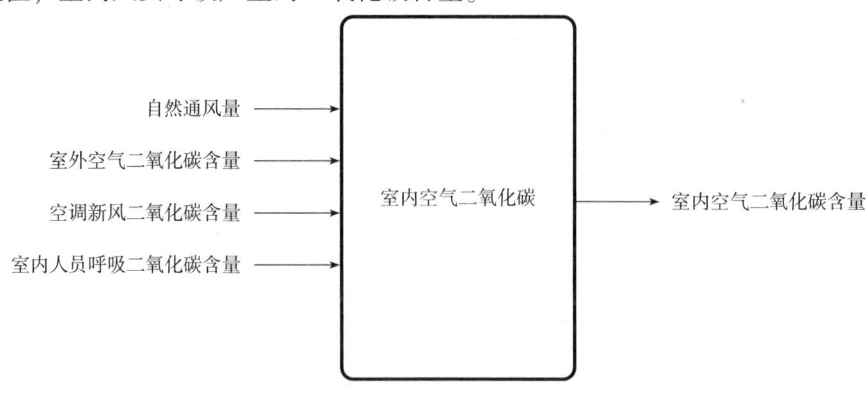

图 3-7　室内空气二氧化碳含量影响因素

$$V_r dC_{ia}(\tau)/\mathrm{d}\tau = G_{nv}(\tau)[C_{oa}(\tau)-C_{ia}(\tau)] + G_{FAUs}[C_{oa}(\tau)-C_{ia}(\tau)] + C_{occ}(\tau)n_{occ}(\tau) \tag{3-6}$$

7. 墙体节点温度状态方程

用某文献中模型来描述建筑围护结构温度的动态变化过程，将墙体沿其厚度方向进行节点分层，每一层代表一个稳定的温度节点，如图 3-8 所示，每一层墙体节点的温度变化用常微分方程表示，且其计算如式(3-7)~式(3-9)所示：

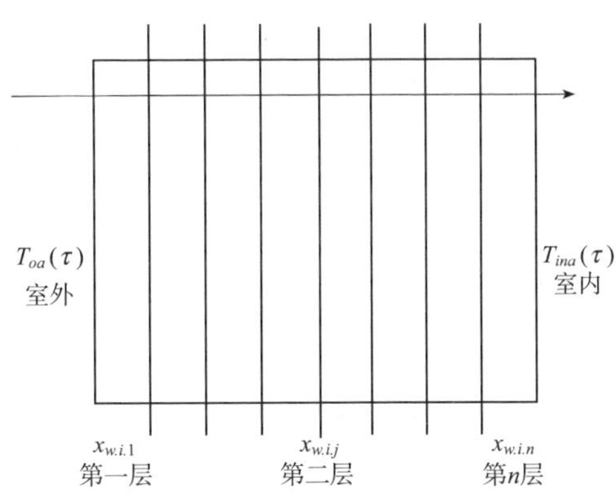

图 3-8 建筑围护结构温度变化过程

$$\frac{1}{2}c_{pw.i}\rho_{w.i}\Delta x_{w.i.1}F_{w.i.1}\frac{\mathrm{d}T_{w.i.1}}{\mathrm{d}\tau} = Q_{1.i.rad}(\tau) + h_{1.i}[T_{oa}(\tau) - T_{w.i.1}(\tau)] + \frac{k_{w.2.1}}{\Delta x_{i.1}}[T_{w.i.2}(\tau) - T_{w.i.1}(\tau)] + \sum_{j}^{n} h_{r.j.i}[T_{w.j.1}(\tau) - T_{w.i.1}(\tau)] \tag{3-7}$$

$$\frac{1}{2}\sum_{s=i,i-1} c_{pw.s}\rho_{w.s}\Delta x_{w.s}F_{w.i.s}\frac{\mathrm{d}T_{w.i.i}}{\mathrm{d}\tau} = \frac{k_{w.i-1.n}}{\Delta x_{w.i.i-1}}[T_{w.i.i}(\tau) - T_{w.i.i-1}(\tau)] + \frac{k_{w.i.i+1}}{\Delta x_{w.i.i+1}}[T_{w.i.i+1}(\tau) - T_{w.i.i}(\tau)] \tag{3-8}$$

$$\frac{1}{2}c_{pw.i}\rho_{w.i}\Delta x_{w.i.n}\frac{\mathrm{d}T_{w.i.n}}{\mathrm{d}\tau} = h_{i.n}[T_{w.i.n}(\tau) - T_{w.i.n-1}(\tau)] + \frac{k_{w.i.n}}{\Delta x_{w.i.n}}[T_{w.i.n}(\tau) - T_{w.i.n-1}(\tau)] + Q_{trs.i.n}(\tau) \tag{3-9}$$

3.3.2 约束条件

1. 状态约束

空调预开启阶段初始时刻室内环境参数已知，如公式(3-10)所示：

$$\begin{cases} T_{ia}(\tau_{initial}) = T_{ia.ini} \\ H_{ia}^{R}(\tau_{initial}) = H_{ia.ini}^{R} \end{cases} \tag{3-10}$$

空调预开启阶段过程中室内环境参数变化范围已知，如公式(3-11)所示：

$$\begin{cases} T_{ia}(\tau) \in \Omega_{trans}^{\mathrm{T}} \\ H_{ia}^{R}(\tau) \in \Omega_{trans}^{RH} \\ \tau \in (\tau_{initial}, \tau_{final}) \end{cases} \tag{3-11}$$

空调预开启阶段终了时刻室内环境参数已知，如公式(3-12)所示：

$$\begin{cases} T_{ia}(\tau_{final}) \in \Omega_{final}^{ia} \\ H_{ia}^{R}(\tau_{final}) \in \Omega_{final}^{RH} \end{cases} \tag{3-12}$$

2. 控制变量约束

窗户开度：

$$\theta_{wor}(\tau) \in \Theta_{win} \tag{3-13}$$

FCU 开启台数：

$$n_{FCU}(\tau) \in N_{FCU} \tag{3-14}$$

FCU 风机挡数：

$$v_{FCU}(\tau) \in M_{FCU} \tag{3-15}$$

FAU 风机挡数：

$$v_{FAU}(\tau) \in M_{FAU} \tag{3-16}$$

$u(\tau) = \{n_{FCU}(\tau), v_{FCU}(\tau), v_{FAU}(\tau), \theta_{wor}(\tau)\}$ 表示在 τ 时刻空调系统和自然通风联合控制策略。

至此，由方程(3-1)~方程(3-16)所组成的空调预开启阶段，空调系统和自然通风的联合最优控制数学模型建立完毕。

3.4 预开启阶段联合近优策略方法

本节给出空调系统和自然通风联合近优策略方法的相关定义，接下来，给出FAU、FCU 和自然通风联合近优策略方法研究思路，通过对测试样本数据集中最优联合策略对应的天气参数和联合控制策略模式各自进行状态归集，计算非测试样本天气参数相对于最优控制策略所归集的天气参数子区域和联合近优策略模式的参数落入矩阵和相对应的落入概率矩阵，基于概率最大原则泛化得到非样本天气参数与联合近优策略模式的映射规则关系表。

3.4.1 相关定义

【定义 1】 空气焓值：表示空气中含有的总热量，通常以干空气的单位质量为基准。

通常用 1kg 干空气的焓和与它相对应质量的水蒸气的焓的总和来进行衡量。计算公式如下：

$$En = 1.01T + (2500 + 1.84T)m \quad 或 \quad En = (1.01 + 1.84m)T + 2500m$$

式中 T——空气温度，℃；

m——空气的含湿量，kJ/kg；

1.01——干空气的平均定压比热，kJ/(kg·K)；

1.84——水蒸气的平均定压比热，kJ/(kg·K)；

2500——0℃时水的汽化潜热，kJ/kg。

【定义 2】 室外水平面太阳辐射强度：由太阳直射辐射强度可以得到水平面的直射强度和垂直面的直射强度。

当太阳在天顶时，即日射线垂直于地面时，此时到达地面的太阳辐射行程为 L，有 $I_L = I_0\exp(-a)$，其中，$\exp(-a)$ 取值在 0.65~0.75 之间。当太阳不在天顶时，太阳高度角为 β 时，太阳光线到达地面的行程长度为 $L/\sin\beta$，地球表面处的法向太阳直射辐射强度为 $I_L = I_0\exp(-am)$，因此某坡度为 θ 的平面上的直射辐射强度为 $I_{Di} = I_N\cos i = I_N\sin(\beta+\theta)\cos(A+\alpha)$，水平面上的太阳直射辐射照度为 $I_{DH} = I_N\sin\beta$，如图 3-9 所示。

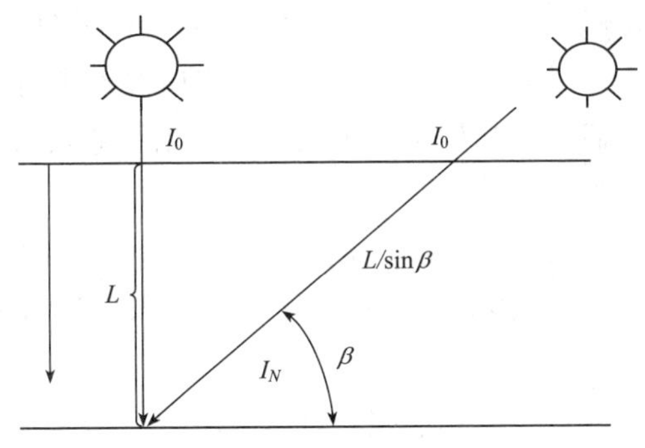

图 3-9　太阳辐射路径示意图

【定义 3】 映射 Γ：对集合 Ω 内任意点 i，存在映射 Γ 使 $\Gamma(\Omega) = \Phi$，$\Phi \subset \Omega$ 成立。

在映射 Γ 下，天气参数 OP 通过控制策略模式 CM_j 使室内空气初始参数 $[T_{ia}(\tau_{initial}), H_{ia}^R(\tau_{initial})]$ 在预开启终止时刻 τ_{final} 达到预先设定舒适区内 $\Pi_{ia.final}^T \times \Pi_{ia.final}^R$，则将这些天气参数 OP 组成的集合定义为 $\Omega_{op.i}^j$，下式成立：

$$\Gamma(\Omega) = \{\Omega_{op}^1, \cdots, \Omega_{op}^{n_{total}}\}$$

【定义 4】 映射 Ψ：对实数集合 S，存在实数 $bound(S)$ 与之对应且下式成立：

$$bound(s) = \sup_{s \in S}\{s\}$$

对任子区域 $\Omega_{op.i}^j$，边界 BV_j 满足下式，$bound(\Omega_{op})$ 表示区域 Ω_{op} 的边界，具体如图 3-10 所示。

$$\begin{cases} BV_{j.T_{ia}} = bound(\Omega_{OP.j.T_{ia}}) \\ BV_{j.H_{ia}^R} = bound(\Omega_{OP.j.H_{ia}^R}) \\ \bigcup_{j=1}^{n_{total}} BV_j = bound(\Omega_{OP}) \end{cases}$$

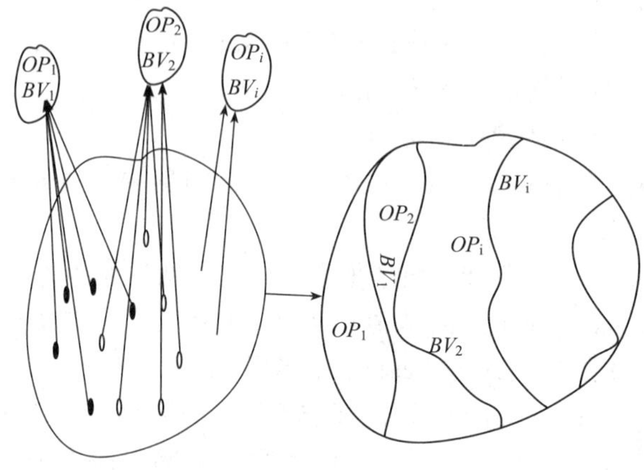

图 3-10　天气参数区域边界示意图

【定义 5】　天气参数 OP 属于第 $j(j=1,2,\cdots,n_{total})$ 个子区域 $\Omega_{op.i}^{j}$ 在第 i 个控制策略模式 CM_i 下使初始时刻室内空气温度在预开启阶段终了时刻进入舒适区的天气参数所构成的集合记为 $\Omega_{op.i}^{j}$，其相对应于第 i 个控制策略模式 CM_i 和第 j 个天气参数子区域 $\Omega_{op.i}^{j}$ 的概率记为 $p_{i.j}$。

对所有子区域 $\Omega_{op.i}^{j}$, $j=1,2,\cdots,n_{total}$, OP 属于第 j 个子区域而在第 1 个控制模式 CM_1 下使初始时刻室内空气温度在预开启终了时刻进入舒适区的天气参数所构成的集合为：

$$\Omega_{op.1}^{1},\Omega_{op.1}^{2},\cdots,\Omega_{op.1}^{n_{total}}$$

OP 在第 j 个子区域而在第 2 个控制模式 CM_2 下使室内空气温度在预开启终了时刻进入舒适区的天气参数所构成的集合为：

$$\Omega_{op.2}^{1},\Omega_{op.2}^{2},\cdots,\Omega_{op.2}^{n_{total}}$$

OP 在第 j 个子区域而在第 s 个控制模式 CM_s 下使室内空气温度在预开启终了时刻进入舒适区的天气参数所构成的集合为：

$$\Omega_{op.s}^{1},\Omega_{op.s}^{2},\cdots,\Omega_{op.s}^{n_{total}}$$

记为矩阵形式 Ω：

$$\Omega \triangleq \begin{bmatrix} \Omega_{op.1}^{1} & \Omega_{op.1}^{2} & \cdots & \Omega_{op.1}^{n_{total}} \\ \Omega_{op.2}^{1} & \Omega_{op.2}^{2} & \cdots & \Omega_{op.2}^{n_{total}} \\ \cdots & \cdots & \cdots & \cdots \\ \Omega_{op.s}^{1} & \Omega_{op.s}^{2} & \cdots & \Omega_{op.s}^{n_{total}} \end{bmatrix}$$

【定义 6】 映射μ：从集合群 G 到正实数 R^+的对应，用于计算集合的维度，如下式：

$$\mu(G)=\dim(G)$$

天气参数 OP 属于第 j 个子区域在联合控制策略模式 CM_i下使室内空气温度在预开启终了时刻进入舒适区的概率，用式(3-17)计算：

$$p_{i.j}=\mu(\Omega_{op.i}^{j})/\sum_{i=1}^{s}\mu(\Omega_{op.i}^{j}) \tag{3-17}$$

式中，$p_{1.1}$表示天气参数 OP 属于第 1 个子区域 Ω_{op}^{1}在第 1 个控制模式 CM_1下使得初始时刻室内空气温度在终了时刻进入舒适区内的概率；$p_{1.2}$表示天气参数 OP 属于第 2 个子区域 Ω_{op}^{2}在第 1 个控制模式 CM_1下使得初始时刻室内空气温度在终了时刻进入舒适区的概率；$p_{i.j}$表示天气参数 OP 属于第 j 个子区域 Ω_{op}^{j}在第 i 个控制模式 CM_i下使得初始时刻室内空气温度在终了时刻进入舒适区的概率。

则天气参数 OP 相对第 j 个天气参数子区域和控制策略模式 CM_i的概率矩阵 P 可由计算公式(3-17)和落入矩阵 Ω 得到如下：

$$p=\begin{bmatrix} p_{1.1} & p_{1.2} & \cdots & p_{1.n_{total}} \\ p_{2.1} & p_{2.2} & \cdots & p_{2.n_{total}} \\ \cdots & \cdots & \cdots & \cdots \\ p_{s.1} & p_{s.2} & \cdots & p_{s.n_{total}} \end{bmatrix}$$

【定理 1】 给定天气参数区域 $\Omega_{op.i}^{j}$，对控制策略模式 CM_k，当 k 满足 $k=\arg\max_i\{p_{i.j}\}$时，则控制策略模式 CM_k为对应于天气参数区域 $\Omega_{op.i}^{j}$的空调系统和自然通风联合近优控制策略。

3.4.2 动态规划应用于预开启阶段联合优化控制问题的介绍

动态规划是通过将原始优化问题分解为一系列可递归求解的子优化问题，且通过组合各子优化问题的最优解，从而最终找到整体问题的最优解方法。

本节中，空调系统末端为 FAU、FCU 和自然通风的联合近优控制策略的学习样本为通过动态规划方法所得到的在多种室内外初始天气参数组合下的最优联合控制策略集，根据动态规划方法的基本思想，我们给出具体步骤如下：

(1)对控制问题的时间区间$[\tau_{initial},\tau_{final}]$以时间步长 $\tau_{discrete}$进行离散化。

(2)对各控制变量包括 FAU 的风机挡数、FCU 的风机挡数、自然通风窗户开度在其各自可行区域按各自步长进行离散化，其中 FCU 的风机挡数 $v_{FCU}\in M_{FCU}$，以 $d_{v.FCU}=1$ 为步长进行离散化，FAU 的风机挡数 $v_{FAU}\in M_{FAU}$，以 $d_{v.FAU}=1$ 为步长进行离散化，自然通风窗户开度 $\theta_{wor}(\tau)\in\Theta_{win}$，以 $d_{\theta.win}=0.2$ 为步长进行离散化。

(3)对各状态变量包括室内空气温度 $T_{ia}(\tau)$、室内空气相对湿度 $H_{ia}^{R}(\tau)$ 对应转换的室内空气含湿量 $m_{ia}(\tau)$ 在各离散时刻的取值规则如下：

在初始时刻 $\tau=\tau_{initial}$，对应于离散时刻为 $k_{initial}=1$ 时，下式成立：

$$\begin{cases} T_{ia}(1)=T_{ia.ini}; \\ m_{ia}(1)=m_{ia.ini}; \end{cases}$$

过渡区间 $(\tau_{initial},\tau_{final})$ 对应于离散时刻 $(1,N_\tau)$，其中 $N_\tau=\left\lceil\dfrac{\tau_{final}-\tau_{initial}}{d_\tau}\right\rceil$：

$$\begin{cases} T_{ia}(k)\in\{T_{trans.\min},T_{trans.\min}+d_T,T_{trans.\min}+2d_T,\cdots, \\ \quad T_{trans.\min}+N_{T.trans}d_T\}\triangleq\Omega_{trans.discrete}^{T} \\ m_{ia}(k)\in\{m_{trans.\min},m_{trans.\min}+d_m,m_{trans.\min}+2d_m,\cdots, \\ \quad m_{trans.\min}+N_{m.trans}d_m\}\triangleq\Omega_{trans.discrete}^{m};k\in(1,N_\tau) \end{cases}$$

其中，$N_{T.trans}=\left[\dfrac{\Omega_{trans.\max}^{T}-\Omega_{trans.\min}^{T}}{d_T}\right]$ 和 $N_{m.trans}=\left[\dfrac{\Omega_{trans.\max}^{m}-\Omega_{trans.\min}^{m}}{d_m}\right]$，$d_T$ 是室内空气温度的离散步长，d_m 是室内空气含湿量的离散步长。

在终了时刻 τ_{final}，对应于离散时刻为 $k=N_\tau$ 时：

$$\begin{cases} T_{ia}(k)\in[T_{final.\min},T_{final.\min}+d_T,T_{final.\min}+2d_T,\cdots, \\ \quad T_{final.\min}+N_{T.final}d_T]\triangleq\Omega_{final.discrete}^{T} \\ m_{ia}(k)\in[m_{final.\min},m_{final.\min}+d_m,m_{final.\min}+2d_m,\cdots, \\ \quad m_{final.\min}+N_{m.final}d_T]\triangleq\Omega_{final.discrete}^{m};k\in(N_\tau) \end{cases}$$

其中，$N_{T.trans}=\left|\dfrac{\Omega_{final.\max}^{T}-\Omega_{final.\min}^{T}}{d_T}\right|$ 和 $N_{m.trans}=\left|\dfrac{\Omega_{trans.\max}^{m}-\Omega_{trans.\min}^{m}}{d_m}\right|$

对状态方程进行离散化，室内空气含湿量的离散方程：

$$\begin{aligned}\rho_aV_r(m_{ia}(k+1)-m_{ia}(k))/\Delta\tau=&G_{FCUs}(k)\rho_am_{FCUs}(k)+G_{FAUs}(k)\rho_am_{FAUs}(k)\\&+G_{nv}(k)\rho_am_{oa}(k)-[G_{FAUs}(k)+G_{FCUs}(k)]\\&\rho_am_{ia}(k)+m_{occ}(k)n_{occ}(k)\end{aligned}$$

即得公式(3-18)：

$$\begin{aligned}\rho_aV_rm_{ia}(k+1)=\rho_aV_rm_{ia}(k)+\{&G_{FCUs}(k)\rho_am_{FCUs}(k)+G_{FAUs}(k)\rho_am_{FAUs}(k)\\&+G_{nv}(k)\rho_am_{oa}(k)-[G_{FAUs}(k)+G_{FCUs}(k)]\rho_am_{ia}(k)\\&+m_{occ}(k)n_{occ}(k)\}\Delta\tau\end{aligned}\tag{3-18}$$

室内空气温度的离散方程：

$$\begin{aligned}c_{pa}\rho_aV_r[T_{ia}(k+1)-T_{ia}(k)]/\Delta\tau=&\sum_{i=1}^{6}F_{w.i}h_{ia}[T_{w.i.n+1}(k)-T_{ia}(k)]\\&+Q_{occ}(k)+Q_{light}(k)+Q_{equip}(k)+Q_{nv}(k)\\&+Q_{HVAC}(k)+F_{wd}h_{wd}[T_{oa}(k)-T_{ia}(k)]\end{aligned}$$

即得公式(3-19)：

$$c_{pa}\rho_a V_r T_{ia}(k+1) = c_{pa}\rho_a V_r T_{ia}(k) + \Big\{ \sum_{i=1}^{6} F_{w.i} h_{ia} [T_{w.i.n+1}(k) - T_{ia}(k)] + Q_{occ}(k) + Q_{light}(k) + Q_{equip}(k) + Q_{nv}(k) + Q_{HVAC}(k) + F_{wd} h_{wd} [T_{oa}(k) - T_{ia}(k)] \Big\} \Delta\tau \tag{3-19}$$

对优化问题目标函数进行离散化，可得式(3-20)：

$$\min_{u(k)} J(u(k)) = \sum_{k=1}^{N_\tau} [E_{FanFCU}(k) + E_{FanFAU}(k) + E_{HVAC}(k)] \tag{3-20}$$

$$\begin{cases} E_{FanFCU}(k) = a_{FanFCU} G^3_{FCUs}(k) \\ E_{FanFAU}(k) = a_{FanFAU} G^3_{FAUs}(k) \\ E_{HVAC}(k) = Q_{HVAC}(k)/COP \end{cases}$$

(4)采用反向动态规划方法对问题继续求解最优解，首先在离散终了时刻 $k=N_\tau$，在区间 $\Omega^T_{final.\,discrete}$ 和 $\Omega^m_{final.\,discrete}$ 内遍历室内空气温度 $T_{ia}(N_\tau)$ 和 $m_{ia}(N_\tau)$，

即 $\begin{cases} T^s_{ia}(N_\tau) \in \Omega^T_{final.\,discrete} \\ m^l_{ia}(N_\tau) \in \Omega^m_{final.\,discrete} \end{cases}$

采用公式(3-18)和公式(3-19)反向递推出 $N_\tau-1$ 时刻可行的控制策略 $u^{s.i.l}_{(N_\tau-1\to N_\tau)} = [v^i_{FCU}(N_\tau-1\to N_\tau), v^i_{FAU}(N_\tau-1\to N_\tau), \theta^i_{win}(N_\tau-1\to N_\tau)]$ 及所有离散室内空气温度、室内空气含湿量较为近似的状态离散点 $\{T^s_{ia}(N_\tau-1), m^l_{ia}(N_\tau-1)\}$ 的可行集合，使得在控制 $u^{s.i.l}_{(N_\tau-1\to N_\tau)}$ 下状态 $\{T^s_{ia}(N_\tau-1), m^l_{ia}(N_\tau-1)\}$ 通过公式(3-18)和公式(3-19)转移到 $\{T^s_{ia}(N_\tau), m^l_{ia}(N_\tau)\}$，且能耗计算依据公式(3-20)，最终找出在时间步 $N_\tau-1$ 到 N_τ 的最小能耗对应的 $N_\tau-1$ 时刻的初始状态 $\{T^{s*}_{ia}(N_\tau-1), m^{l*}_{ia}(N_\tau-1)\}$ 和控制策略 $u^*_{(N_\tau-1\to N_\tau)} = [v^*_{FCU}(N_\tau-1\to N_\tau), v^*_{FAU}(N_\tau-1\to N_\tau), \theta^*_{win}(N_\tau-1\to N_\tau)]$。

(5)从时间步 $N_\tau-1$ 到 1 采用第 4 步的方法递归进行，最终我们得到从初始时刻到终了时刻整体能耗最低的初始状态 $\{T^*_{ia}(1),\ m^*_{ia}(1)\}$ 和相对应的最优控制策略 $u^*_{1\to N_\tau} = \{u^*_{1\to 2}, u^*_{2\to 3}, \cdots, u^*_{N_\tau-1\to N_\tau}\}$，以及最终系统最优的总能耗。

3.4.3 联合近优策略流程介绍

基于之前分析，本节给出空调系统末端为新风机组 FAU、风机盘管 FCU 和自然通风联合近优策略方法，如图 3-11 所示。

第 1 步：根据天气参数之间的耦合关系，室外空气焓值是室外空气温度和含湿量的耦合量，天气参数向量化为{室外空气温度，室外空气含湿量，室外空气焓值，室外水平面太阳辐射强度，室外垂直面太阳辐射强度，室外风速}，则去耦合后为{室外空气温度，室外空气焓值，室外总太阳辐射量}，记为 $OP = \{H^R_{oa}, En_{oa}, Q_{solar}\}$；其中，$H^R_{oa}$ 为室外空气相对湿度，En_{oa} 为室外空气焓值，Q_{solar} 为室外水平面太阳总辐射强度。

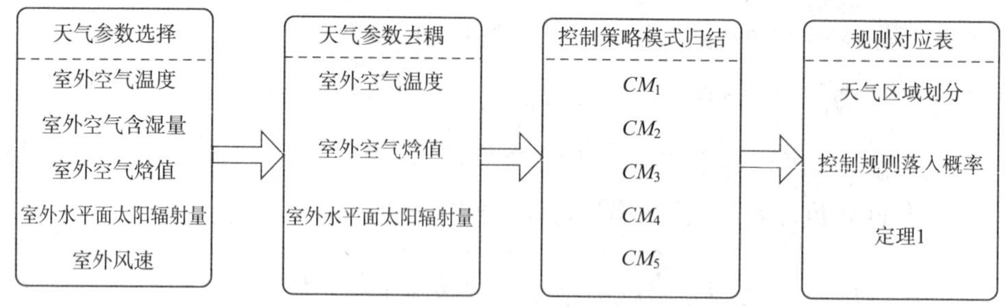

图 3-11　空调系统与自然通风联合近优控制策略方法示意图

第 2 步：对空调系统和自然通风联合控制策略模式根据测试时间内天气参数与室内初始环境参数在动态规划方法下的最优联合控制策略进行控制策略模式归集，定义为空调系统和自然通风的联合控制策略向量 $CM=\{$FCU 开启项，FAU 开启项，窗户开启项$\}$，分量取值规则如下：

$$CM(1)=\begin{cases}1,v_{FCU}>0\\0,v_{FUC}=0\end{cases},\ CM(2)=\begin{cases}1,v_{FAU}>0\\0,v_{FUC}=0\end{cases},\ CM(3)=\begin{cases}1,\theta_{wor}>0\\0,\theta_{wor}=0\end{cases}$$

根据分量元素的取值规则归集为八种联合控制策略模式，分别为：

$$CM_1=\{1,0,1\},\ CM_2=\{1,1,1\},\ CM_3=\{0,0,1\},\ CM_4=\{1,0,0\},$$
$$CM_5=\{0,0,1\},\ CM_6=\{0,0,0\},\ CM_7=\{1,1,0\},\ CM_8=\{0,1,0\}。$$

第 3 步：对任意天气参数子区域 $\Omega_{op.i}^{j}$，计算天气参数 OP 相对于所有天气参数子区域和所有联合控制策略模式的概率矩阵 P，当 k 满足定理 1 时，对第 j 个天气参数子区域 $\Omega_{op.i}^{j}$，控制策略模式 CM_k 为空调系统和自然通风联合近优策略。

根据上述空调系统末端为 FAU、FCU 和自然通风联合近优策略方法，其具体流程如图 3-12 所示。

3.5　空调系统与自然通风联合近优策略评估方法

本节通过数值模拟中近优和经验控制策略下建筑总能耗和室内环境舒适度比较分析，来评估空调系统和自然通风联合控制近优策略的性能。首先，给出预开启阶段基于楼宇工程师经验且当前常用的新风机组、风机盘管和自然通风联合经验规则控制策略 1 和策略 2 如下：

经验策略 1：空调预开启阶段，人员到达房间前 50min 内，FCU、FAU 和自然通风均关闭。人员到达房间前 10min，FAU 和 FCU 风机在最高档运行，自然通风窗户关闭，表述如公式(3-21)。

经验策略 2：测试时间内，FAU 开启，FCU 和窗户关闭；在测试日其他时段，FAU 和 FCU 均达最大制冷能力的一半，开启时间为人员到达房间前 20min，自然通风窗户开启比例为 20%，表述如公式(3-22)。

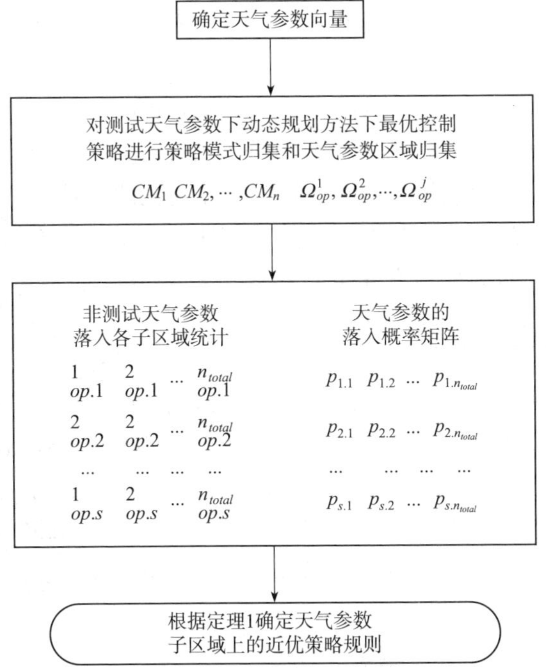

图 3-12 预开启阶段空调系统与自然通风联合近优策略方法流程图

$$HP_1=\begin{cases}\tau_{pre}=[0,50],n_{FCU}=0,n_{FAU}=1,v_{FCU}=0,v_{FAU}=1,\theta_{wor}=0\\E_{FanFCU}=0,E_{FanFAU}=0\\\tau_{pre}=[50,60],n_{FCU}=3,n_{FAU}=1,v_{FCU}=3,v_{FAU}=3,\theta_{wor}=0\\E_{FanFCU}=E_{FanFCU}^{\max},E_{FanFAU}=E_{FanFAU}^{\max}\end{cases}\tag{3-21}$$

$$HP_2=\begin{cases}\tau_{pre}=[0,40],n_{FCU}=0,v_{FCU}=0,v_{FAU}=0,\theta_{wor}=0\\E_{FanFCU}=0,E_{FanFAU}=0\\\tau_{pre}=[40,60],n_{FCU}=3,v_{FCU}=2,v_{FAU}=2,\theta_{wor}=0.2\\E_{FanFCU}=\frac{1}{2}E_{FanFCU}^{\max},E_{FanFAU}=\frac{1}{2}E_{FanFAU}^{\max}\end{cases}\tag{3-22}$$

【定义 7】 节能率：空调系统和自然通风联合控制近优策略相对于经验控制策略节省建筑能耗量值和经验控制策略下建筑能耗值之比，用式(3-23)计算：

$$ESP=[(HE-IE)/HE]\times100\%\tag{3-23}$$

如果 $ESP>0$，那么 $HE>IE$；如果 $ESP<0$，那么 $HE<IE$。在保证室内人员舒适度时，当节能率为正时，近优联合控制策略能耗小于相应经验策略下能耗，即近优联合控制策略更具节能优势；当节能率为负时，近优联合控制策略能耗大于经验策略下相应能耗，即近优联合控制策略不具有节能优势。

3.6 数值仿真与实验

本节建立单房间空调系统 FAU、FCU 和自然通风联合优化控制的仿真模型。首先，采用实验方法验证所建单房间传热模型的有效性，然后，对所提联合控制策略近优方法进行近优策略获取，最后，通过选定时间段内数值仿真结果表明，本节所给空调系统和自然通风联合控制近优策略方法下，近优策略相较于经验策略能够在保证人员舒适度同时大大节省建筑能耗。

3.6.1 仿真模型参数

单房间模型，长 5m，宽 4m，高 3m；房间为单窗南向，窗户长 2m，宽 1.5m；北纬 39.26°，东经 115.25°，海拔 43.71m，大气压力 100.85kPa。仿真建筑模型如图 3-13 所示；空调系统末端包含 3 个 FAU、1 个 FCU，风机挡数取值为 1、2、3，不能连续调节，二者性能参数取值见表 3-1 和表 3-2；选取测试时间为 07-20、08-15、09-12。数值仿真中系统状态约束取值如式(3-24)所示：

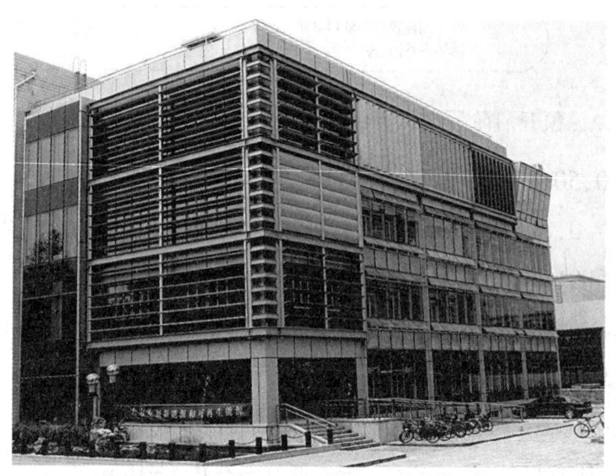

图 3-13 清华大学建筑节能研究中心

$$\begin{cases}T_{ia.ini}(1)=20, H^R_{ia.ini}(1)=0.5\\ T_{ia.tran}(k)\in[1,95], H^R_{ia.tran}(k)\in[0,1], k\in(1,N)\\ T_{ia.final}(N)\in[22,26], H^R_{ia.final}(N)\in[0.4,0.6]\end{cases} \tag{3-24}$$

控制变量约束取值如式(3-25)所示：

$$\begin{cases}\theta_{wor}(k)\in\{0,0.2,0.4,0.6,0.8,1\}\\ n_{FAU}(k)\in[0,3]IZ\\ v_{FCU}(k)\in[0,3]IZ\\ v_{FAU}(k)\in[0,3]IZ, \forall k\in[1,N]\end{cases} \tag{3-25}$$

$$u(k)=\{n_{FAU}(k),v_{FCU}(k),v_{FAU}(k),\theta_{wor}(k)\}$$

表 3-1 FCU 性能参数

型 号	风量/ (m³/h)	制冷量/ W	制热量/ W	输入功率/ W	供水量/ (kg/h)	水阻力/ mH₂O
FP-7.3	高 中 低 350 460 630	高 中 低 2000 1800 1800	高 中 低 2000 1800 1300	高 中 低 25 20 15	200	2.6

表 3-2 FAU 性能参数

型 号	风量/ (m³/h)	制冷量/ W	制热量/ W	输入功率/ W	供水量/ (kg/h)	水阻力/ mH₂O
FP-6.8	高 中 低 160 200 450	高 中 低 800 600 300	高 中 低 600 300 200	高 中 低 25 20 15	100	1.8

3.6.2 仿真模型验证

为验证本节所建数值仿真程序能够真实反映建筑传热传质机理，给出所模拟房间通过空气温度和含湿量传感器实际测量的室内空气温度、室内空气含湿量变化与模拟程序计算所得室内空气温度、室内空气含湿量的关系，以验证所建立的建筑传热传质仿真模型的有效性和合理性。

实验地点为中国北京清华大学建筑节能研究中心二楼办公室 2-13 房间，建筑窗户南向，且装有室外遮阳板，其中实验办公室如图 3-13 所示，空气温湿度传感器如图 3-14 所示，室内外遮阳板如图 3-15 所示，仿真建筑模型如图3-16所示。

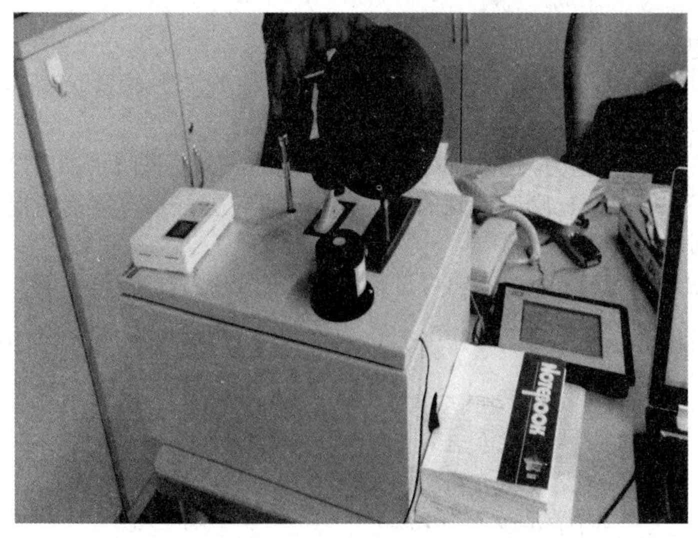

图 3-14 实验所用室内空气温湿度传感器

图 3-15　实验室遮阳板百叶帘

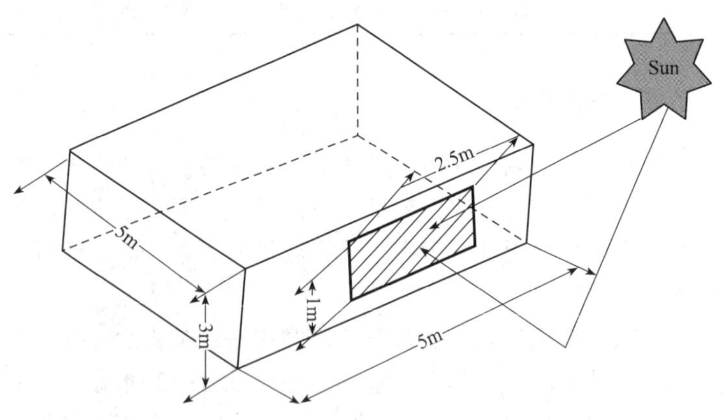

图 3-16　单房间模型示意图

建筑土建参数如下：

外墙由内外向内分别为：①30mm 水泥砂浆抹灰；②砖墙 240mm；③保温层(厚度由最小传热系数决定)；④20mm 深色喷浆。

屋顶由外向内分别为：①25mm 水泥砂浆抹灰；②卷材防水层；③水泥砂浆找平层 20mm；④保温层，膨胀珍珠岩 10mm；⑤通气层；⑥现浇钢筋混凝土 50mm；⑦内浅色粉刷。

首先对公式(3-3)和公式(3-4)进行离散化如下：

$$
\begin{aligned}
c_{pa}\rho_a V_r T_{ia}(\tau+\Delta\tau) = & \sum_{i=1}^{6} F_{wall} h_{ia}[T_{w.i.n+1}(\tau) - T_{ia}(\tau)]\Delta\tau + Q_{occ}(\tau)\Delta\tau \\
& + Q_{Light}(\tau)\Delta\tau + Q_{equip}(\tau)\Delta\tau + Q_{nv}(\tau)\Delta\tau + Q_{HVAC}(\tau)\Delta\tau \\
& + F_{wd} h_{wd}[T_{oa}(\tau) - T_{ia}(\tau)]\Delta\tau
\end{aligned}
$$

$$
\begin{aligned}
\rho_a V_r m_{ia}(\tau+\Delta\tau) = & G_{FCUs}(\tau)\rho_a m_{FCUs}(\tau)\Delta\tau + G_{FAUs}(\tau)\rho_a m_{FAUs}(\tau)\Delta\tau \\
& + G_{nv}(\tau)\rho_a m_{oa}(\tau)\Delta\tau - [G_{FAUs}(\tau) + G_{FCUs}(\tau) \\
& + \rho_a V_r] m_{ia}(\tau)\Delta\tau + m_{occ}(\tau)\Delta\tau
\end{aligned}
$$

实验日期选为07月15日上午04:00至07月16日上午00:00，室内空气初始温度 $T_{ina}=22.7$℃，空气含湿量 $m_{ina}=15.74$g/kg，实验传感器采样和数值仿真步长均为5min。

从图3-17和图3-18知，实验和仿真中室内空气温度和含湿量的曲线变化趋势较为一致，验证了所建建筑仿真模型能够很好地刻画建筑自身及其室内空气的传热传质机理过程，说明该建筑仿真模型的合理性和客观性。

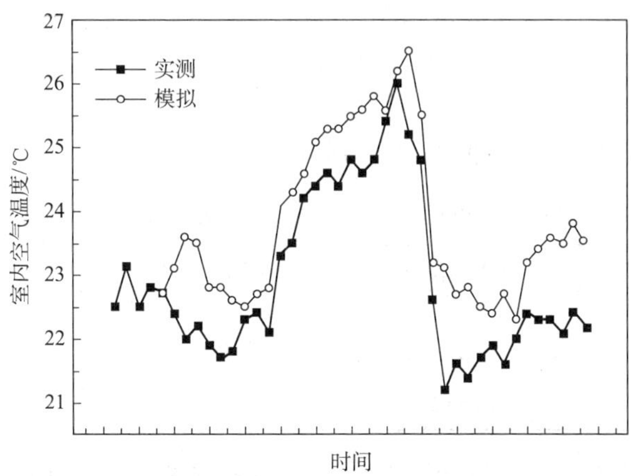

图3-17 实验传感器实测和数值仿真中室内空气温度变化

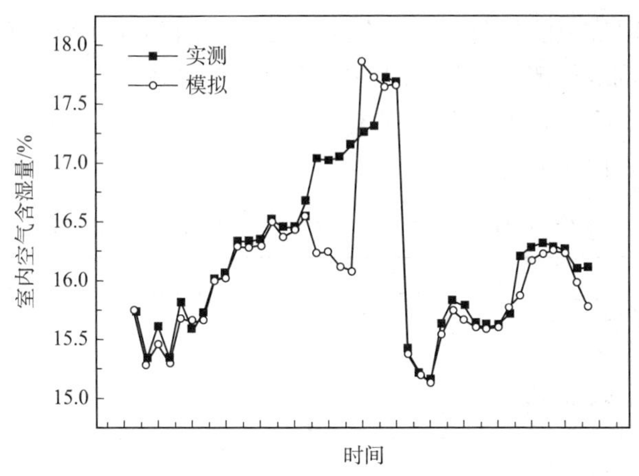

图3-18 实验传感器实测和数值仿真中室内空气含湿量变化

3.6.3 预开启阶段联合近优策略分析

空调预开启阶段，空调系统FAU、FCU和自然通风联合控制近优策略记为 $u=\{\tau_{pre},FCU_{state},FAU_{state},\theta_{state}\}$，各分量取值详情如表3-3~表3-5所示。表3-3中，空调系统预开启时间取值以10min为步长递增，FCU风机开启状态为0-1二值函数，“0”表示FCU风机关闭，“1”表示FCU风机开启最大，FAU风机开启状态为0-1

二值函数，“0”表示 FAU 风机关闭，“1”表示 FAU 风机开启最大，窗户开度也为 0-1 二值函数，“0”表示窗户完全关闭，“1”表示窗户完全开启。

表 3-3　空调系统和自然通风联合近优策略各分量取值详情

u	τ_{pre}	FCU_{state}	FAU_{state}	θ_{state}
范围	{0,10,20,30,40,50,60}	{0,1}	{0,1}	{0,1}

表 3-4 中，室内空气温度取值范围如公式(3-17)所示，其离散步长为 1℃，则动态规划中室内空气温度总维度为 95，室内空气相对湿度的取值范围如式(2-17)所示，相对湿度从 0 变化至 100%，离散步长为 10%，则其总维度为 10，而时间的离散步长为 600s，即 10min，则时间维度为 6。

表 3-4　数值仿真中动态规划方法系统状态约束范围和离散取值

状　态	室内空气温度/℃	室内空气相对湿度/%	时　间
范围	[1,95]	[0,1]	[0,3600]
离散步长	$d_T=1$	$d_H=0.1$	$d_\tau=600$
总维度	$n_T=95$	$n_H=10$	$n_\tau=6$

表 3-5 中，控制变量风机盘管 FCU 风机转速的取值范围如公式(3-18)所示，其离散步长为 1，则动态规划方法中风机盘管 FCU 风机转速总维度为 3；风机盘管 FCU 风机台数的取值范围如公式(3-18)所示，其离散步长为 1，总维度为 3，而新风 FAU 风机转速的取值范围如公式(3-18)所示，其离散步长为 1，则其总维度为 3。总之，动态规划中控制问题的策略搜索复杂度为 $n_T \times n_H \times n_{Wall} \times n_\tau \times n_{c.n} \times n_{c.n.s} \times n_{a.s} = 95 \times 10 \times 6 \times 3 \times 3 \times 3 = 153900$。

表 3-5　数值仿真中动态规划方法控制变量约束范围和离散取值规则

控制变量	FCU 风机转速	FCU 风机台数	FAU 风机转速
区域	[0,3]	[0,3]	[0,3]
离散步长	$d_{FCU.s}=1$	$d_{FAU.s}=1$	$d_{FAU.s}=1$
维度	$n_{c.n.s}=3$	$n_{c.n}=3$	$n_{a.s}=3$
时间复杂度	$n_T \times n_H \times n_{Wall} \times n_\tau \times n_{c.n} \times n_{c.n.s} \times n_{a.s}$		

在数值仿真中，选取的测试时段动态规划方法所得空调系统和自然通风最优联合控制策略详情见表 3-6。可知，不同天气参数下空调系统和自然通风联合最优控制策略变化较大。在 07 月份、08 月份、09 月份测试各时段，早上 08:00 测试时段，联合最优控制策略较为一致，如 07-16、07-17、07-20 早上 08:00 最优控制策略分别为{10,0,0,1}、{10,0,0,1}、{10,0,0,1}，此时联合策略模式归集为{10,0,0,1}；08-14、08-15、08-17 早上 08:00 最优控制策略分别为{20,1,0,1}、{20,1,0,1}、

{20,1,0,1}，此时联合策略模式归集为{20,1,0,1}；09-12、09-13、09-14 早上 08:00 最优控制策略分别为{20,1,0,1}、{20,1,0,1}、{30,1,0,1}，此时联合策略模式归集为{20,1,0,1}。而在其他时段，各联合最优控制策略有所差异。

表 3-6 数值仿真中空调系统和自然通风联合最优控制策略

u	08:00	11:00	14:00	16:00
07-16	{10,0,0,1}	{10,0,0,1}	{20,1,0,1}	{15,1,1,1}
07-17	{10,0,0,1}	{15,1,0,1}	{30,1,1,1}	{16,1,1,1}
07-20	{10,0,0,1}	{20,1,0,1}	{30,1,0,1}	{13,1,0,1}
08-14	{20,1,0,1}	{10,1,0,0}	{30,1,1,1}	{20,1,1,1}
08-15	{20,1,0,1}	{10,1,0,0}	{50,1,0,1}	{20,1,1,1}
08-17	{20,1,0,1}	{20,1,1,1}	{30,1,1,1}	{30,1,0,1}
09-12	{20,1,0,1}	{30,1,1,1}	{20,1,1,1}	{15,1,0,1}
09-14	{20,1,0,1}	{30,1,0,1}	{20,1,1,1}	{15,1,0,1}
09-15	{30,1,0,1}	{20,1,1,1}	{30,1,0,1}	{20,1,0,1}

下面，通过对表 3-6 中空调系统和自然通风联合最优控制策略进行控制策略模式归集和天气参数归集，如表 3-7～表 3-10。表 3-7 中，室内空气相对湿度从 40%变化到 90%，取其区间为[40%,90%]；室外水平面太阳辐射量(强度)从 121. 4kJ 变化为 642. 7kJ，取其区间为[121. 4,642. 7]；并且此时室外空气焓值从 32581kJ/kg 变化到 23368. 9kJ/kg，取其区间为[32581,233368. 9]。

表 3-7 数值仿真中控制策略模式 CM_1 对应天气参数

参　数	H_{oa}^{R}	Q_{solar}/kJ	En_{oa}/(kJ/kg)
第 1 组	90%	121. 4	48292
第 2 组	90%	337. 34	46570
第 3 组	40%	642. 7	32581
第 4 组	70%	617. 4	40506
第 5 组	60%	251. 8	21368. 7
第 6 组	40%	580. 3	23368. 9

表 3-8 中，室外空气相对湿度从 60%变化到 80%，取其区间为[60%，80%]；室外水平面太阳辐射强度从 386. 1kJ 变化到 871. 2kJ，取其区间为[386. 1,871. 2]；并且此时室外空气焓值从 39085kJ/kg 变化到 50105. 6kJ/kg，取其区间为[39085,50105. 6]。

表 3-8　数值仿真中控制策略模式 CM_2 对应天气参数

参　数	H_{oa}^R	Q_{solar}/kJ	En_{oa}/(kJ/kg)
第 1 组	70%	871. 2	48930. 7
第 2 组	70%	515. 21	50105. 6
第 3 组	80%	500	43354. 6
第 4 组	80%	447. 7	45060
第 5 组	70%	584. 3	39085
第 6 组	60%	699. 8	40291. 9

表 3-9 中，室外空气相对湿度从 90%变化到 100%，取其区间为[90%，100%]；室外水平面太阳辐射强度从 0kJ 变化到 147. 3kJ，取其区间为[0,147. 3]；室外空气焓值从 21883. 6kJ/kg 变化到 46556. 2kJ/kg，取其区间为[21883. 6，46556. 2]。

表 3-9　数值仿真中控制策略模式 CM_3 对应天气参数

参　数	H_{oa}^R	Q_{solar}/kJ	En_{oa}/(kJ/kg)
第 1 组	90%	0	21969
第 2 组	90%	0	21883. 6
第 3 组	90%	147. 3	46556. 2

表 3-10 中，室外空气相对湿度从 80%变化到 100%，取其区间为[80%，100%]；室外水平面太阳辐射强度为 290. 1kJ，室外空气焓值为 41713. 7kJ/kg。

表 3-10　数值仿真中控制策略模式 CM_4 对应天气参数

参　数	H_{oa}^R	Q_{solar}/kJ	En_{oa}/(kJ/kg)
第 1 组	80%	290. 1	41713. 7

将天气参数区域 Ω 按照天气参数向量 $OP=\{H_{oa}^R, Q_{solar}, En_{oa}\}$ 划分为四个天气参数子区域记为 Ω_{op}^1、Ω_{op}^2、Ω_{op}^3、Ω_{op}^4，分别对应空调系统新风机组 FAU、风机盘管 FCU 和自然通风联合控制策略模式 CM_1、CM_2、CM_3、CM_4，如表 3-11 所示。其中，室外空气相对湿度区域分割为三个子区域，分别为[20%,80%]、[60%,80%]、[90%,100%]，记为 $\Omega_{op,H_{oa}^R}^1$、$\Omega_{op,H_{oa}^R}^2$、$\Omega_{op,H_{oa}^R}^3$；室外水平面太阳辐射强度参数分割为三个子区域，分别为[500,+∞]、[200,500]、[0,200]，单位为 kJ，分别记为 $\Omega_{op,Q_{solar}}^1$，$\Omega_{op,Q_{solar}}^2$，$\Omega_{op,Q_{solar}}^3$；室外空气焓值参数分割为三个子区域，分别为[4 * 10^6，6 * 10^6]、[4 * 10^6，6 * 10^6]、[2 * 10^6，4 * 10^6]，单位为 kg/g，分别记为 $\Omega_{op,En_{oa}}^1$、$\Omega_{op,En_{oa}}^2$、$\Omega_{op,En_{oa}}^3$；最终天气参数按照室外空气相对湿度、室外水平面太阳辐射强度，室外空气焓值分割为子区域 Ω_{op}^1、Ω_{op}^2、Ω_{op}^3、Ω_{op}^4。

表 3-11 数值仿真天气参数子区域划分

H_{oa}^{R}	Q_{solar}/kJ	En_{oa}/(kJ/kg)
$\Omega_{op.H_{oa}^{R}}^{1}=[20\%,80\%]$	$\Omega_{op.Q_{solar}}^{1}=[500,+\infty]$	$\Omega_{op.En_{oa}}^{1}=[4*10^{6},6*10^{6}]$
$\Omega_{op,H_{oa}^{R}}^{2}=[60\%,80\%]$	$\Omega_{op.Q_{solar}}^{2}=[200,500]$	$\Omega_{op.En_{oa}}^{3}=[4*10^{6},6*10^{6}]$
$\Omega_{op,H_{oa}^{R}}^{3}=[90\%,100\%]$	$\Omega_{op.Q_{solar}}^{3}=[0,200]$	$\Omega_{op.En_{oa}}^{3}=[2*10^{6},4*10^{6}]$

数值仿真中，天气参数子区域与空调系统 FAU、FCU 和自然通风联合控制近优策略模式的概率矩阵和对应规则如表 3-12 和表 3-13 所示。

$$\begin{cases}\Omega_{op}^{1}=\Omega_{op.H_{oa}^{R}}^{1}\otimes\Omega_{op.Q_{solar}}^{1}\otimes\Omega_{op.En_{oa}}^{1}\\ \Omega_{op}^{2}=\Omega_{op.H_{oa}^{R}}^{2}\otimes\Omega_{op.Q_{solar}}^{2}\otimes\Omega_{op.En_{oa}}^{2}\\ \Omega_{op}^{3}=\Omega_{op.H_{oa}^{R}}^{3}\otimes\Omega_{op.Q_{solar}}^{3}\otimes\Omega_{op.En_{oa}}^{3}\\ \Omega_{op}^{4}=\Omega-\underset{i=1,2,3}{U}\Omega_{op}^{i}\end{cases}$$

表 3-12 仿真中天气参数区域和各控制策略模式概率矩阵

$p_{i.j}$	Ω_{op}^{1}	Ω_{op}^{2}	Ω_{op}^{3}	Ω_{op}^{4}
CM_1	0.667	0.321	0.127	0.142
CM_2	0.357	0.731	0.521	0.278
CM_3	0.451	0.346	0.667	0.227
CM_4	0.64	0.72	0.54	0.8

表 3-13 数值仿真天气参数区域和联合近优策略对应规则

H_{oa}^{R}	Q_{solar}/kJ	En_{oa}/(kJ/kg)	τ_{pre}/min	FCU_{state}	FAU_{state}	θ_{state}
[0.9,1]	[0,200]	[2e6,4e6]	10	0	0	1
[0.6,0.8]	[200,500]	[4e6,6e6]	10	1	0	1
[0.2,0.8]	[500,+∞]	[4e6,6e6]	20	1	1	1
其他	其他	其他	20	1	0	0

从表 3-12 和表 3-13 可知天气参数区域和各控制策略模式的概率矩阵，相对于天气参数子区域 Ω_{op}^{1} 而言，各控制策略模式 $CM_i(i=1,2,3,4)$ 的概率分别为 0.667、0.357、0.451、0.64，根据定理 1，以概率最大原则，在其子区域上应用近优控制策略模式 CM_1，即 $\Omega_{op}^{1}\xrightarrow{0.667}CM_1$；对于天气参数子区域 Ω_{op}^{2} 而言，各控制策略模式 $CM_i(i=1,2,3,4)$ 的概率分别为 0.321、0.731、0.346、0.72，根据定理 1，以概率最大原则，在其子区域上应用近优控制策略模式 CM_2，即 $\Omega_{op}^{2}\xrightarrow{0.731}CM_2$；对于天气参数子区域 CZ_3 而言，各控制策略模式 $CM_i(i=1,2,3,4)$ 的概率分别为

0.127、0.521、0.667、0.54，根据定理1，以概率最大原则，在其子区域上应用近优控制策略模式 CM_3，即 $\Omega_{op}^{3}\xrightarrow{0.667}CM_3$；对于天气参数子区域 Ω_{op}^{4} 而言，各控制策略模式 $CM_i(i=1,2,3,4)$ 的概率分别为0.142、0.278、0.227、0.8，根据定理1，以概率最大原则，在其子区域上应用近优控制策略模式 CM_4，即 $\Omega_{op}^{4}\xrightarrow{0.8}CM_4$。

最后，我们得到天气参数区域与空调系统和自然通风联合近优控制策略的对应规则见表3-14。从表3-14可知，当天气参数落入区域 $\{[0.9,1]\otimes[0,200]\otimes[2*10^4,4*10^4]\}$ 时，其区间上采用的近优策略为 $\{10,0,0,1\}$，即空调系统和自然通风联合预开启时间为10min，此时自然通风相对应窗户开度最大，而空调系统FAU和FCU均关闭；当天气参数落入区域 $\{[0.6,0.8]\otimes[200,500]\otimes[4*10^6,6*10^6]\}$ 时，其区间上采用的近优策略为 $\{10,1,0,1\}$，即空调系统和自然通风联合预开启时间为10min，此时风机盘管开启，风机开启挡数为1挡，而新风机组关闭，自然通风相对应窗户开度为最大；当天气参数落入区域 $\{[0.2,0.8]\otimes[500,+\infty]\otimes[4*10^6,6*10^6]\}$ 时，其区间上采用的近优策略为 $\{20,1,1,1\}$，即空调系统和自然通风联合预开启时间为20min，此时风机盘管开启，风机开启挡数为1挡，新风机组开启，开启挡数为1挡，自然通风相对应窗户开度为最大；当天气参数落入区域非以上三个区域时，其区间上采取的近优策略为 $\{20,1,0,0\}$，即空调系统和自然通风联合预开启时间为20min，此时风机盘管开启，风机开启挡数为1挡，其释义如表3-14所示。

表3-14　空调系统与自然通风联合近优策略释义

τ_{pre}	FCU_{state}	FAU_{state}	θ_{state}	释　义
10	0	0	1	预开启时间10min，窗户开度为1；
10	1	0	1	预开启时间10min，FCU风机挡数1，窗户开度为1；
20	1	1	1	预开启时间10min，FCU风机挡数1，FAU风机挡数1，窗户开度为1；
20	1	0	0	预开启时间20min，FCU风机挡数1

3.6.4　预开启阶段联合控制近优策略性能评估方法

首先，给出测试天气参数和其对应联合近优策略如表3-15所示。

下面通过数值仿真中空调系统和自然通风的联合最优策略、近优策略、经验策略下在能耗和舒适度比较分析，以及所得近优策略在实验中能耗和舒适度来对近优策略进行性能评估。

这一节，我们通过对比分析数值仿真测试中空调系统和自然通风联合近优控制策略和前文所给经验联合控制策略在1h尺度内建筑整体能耗的量化关系，对数值仿真中空调系统包括新风机组、风机盘管和自然通风联合近优策略进行性能评估。

表 3-15 测试天气参数和规则对应表所得空调系统和自然通风联合近优策略

测试时段		H_{oa}^{R}	Q_{solar}/kJ	En_{oa}/(kJ/kg)	τ_{pre}	FCU_{state}	FAU_{state}	θ_{state}
07-16	08：00	0. 523	287. 21	19883. 74276	10	1	0	1
	11：00	0. 478	796. 72	19751. 25518	20	1	1	1
	14：00	0. 467	925. 97	15733. 66913	20	1	1	1
	16：00	0. 521	654. 8	13805. 23207	10	0	0	1
07-17	08：00	0. 456	288. 21	20133. 2089	10	0	0	1
	11：00	0. 485	802. 72	19672. 55685	10	1	0	1
	14：00	0. 512	935. 12	15278. 68115	20	1	1	1
	16：00	0. 489	665. 38	13470. 43823	20	1	0	0
07-20	08：00	0. 485	298. 54	20046. 86706	10	0	0	1
	11：00	0. 521	812. 56	18854. 1804	20	1	1	1
	14：00	0. 563	945. 56	14040. 12498	20	1	1	1
	16：00	0. 480	675. 38	13353. 27647	20	1	1	1
08-14	08：00	0. 563	0	21132. 90352	10	0	0	1
	11：00	0632	959. 51	21319. 98558	20	1	1	1
	14：00	0. 623	1064. 78	19940. 73221	20	1	1	1
	17：00	0. 612	730. 3	20373. 13641	10	1	0	0
08-15	08：00	0. 67	0	21186. 27114	10	0	0	1
	11：00	0. 656	956. 87	21505. 50284	10	1	1	1
	14：00	0. 634	1062. 98	19536. 24436	20	1	1	1
	16：00	0. 587	728. 56	20436. 80306	10	1	0	0
08-17	08：00	0. 67	0	20191. 04398	10	0	0	1
	11：00	0. 678	954. 25	20946. 84666	10	1	1	1
	14：00	0. 712	1061. 65	18765. 09256	20	1	1	1
	16：00	0. 723	719. 56	19377. 94442	10	1	0	0
09-12	08：00	0. 675	115. 33	22489. 38466	10	0	0	1
	11：00	0. 634	335. 5	20648. 80824	10	0	0	1
	14：00	0. 612	682. 6	18822. 79582	10	1	0	0
	16：00	0. 678	483. 18	19739. 953	10	1	0	1
09-14	08：00	0. 62	154. 3	22759. 80514	10	0	0	1
	11：00	0. 64	743. 35	26175. 60702	10	1	0	1
	14：00	0. 68	942. 44	21319. 80936	10	1	1	0
	16：00	0. 71	670. 58	20469. 10488	10	0	0	1
09-15	08：00	0. 567	89. 86	23332. 84256	10	0	0	1
	11：00	0. 612	789. 43	27810. 63188	10	0	1	1
	14：00	0. 632	977. 78	20869. 67916	10	1	0	1
	16：00	0. 643	687. 51	19580. 4754	10	0	1	1

由图 3-19 可知，空调系统和自然通风联合最优控制策略下建筑能耗最低，近优策略下能耗比经验策略下能耗低，在下午 14:00 时，第 3 测试时段在最优、近优、经验策略下能耗差别较为明显，而在测试时段上午 08:00 和下午 16:00，能耗具有一致情况。

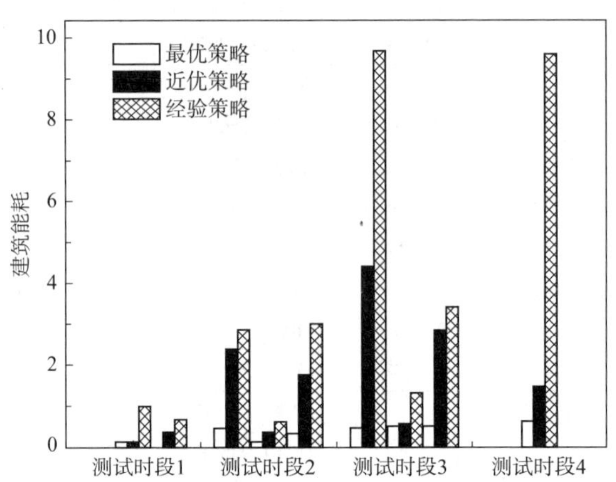

图 3-19　07 月最优策略、近优策略、经验策略下仿真中能耗比较

由图 3-20 可知，空调系统和自然通风最优联合控制策略下建筑能耗最低，近优策略下能耗次之，经验策略下能耗最高。进一步可知，近优策略相对于最优策略能耗有所提高，但是在测试时段 1 和测试时段 3，相对于经验策略能耗大大降低。

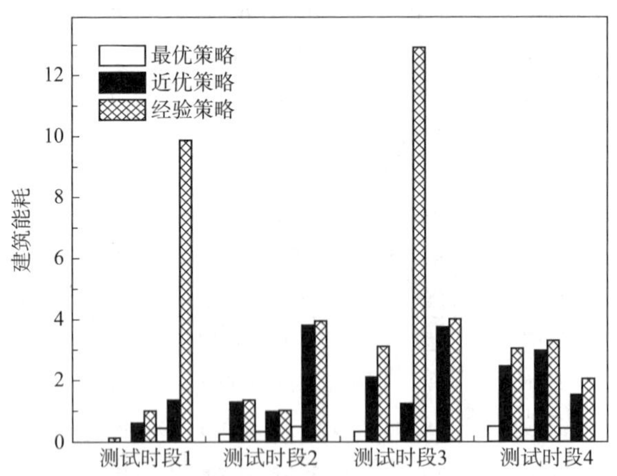

图 3-20　08 月最优策略、近优策略、经验策略下仿真中能耗比较

由图 3-21 可知，数值仿真中各测试时段，空调系统和自然通风最优联合控制策略下能耗最低，近优联合控制策略下能耗次之，而经验联合控制策略下能耗最高，且在 09 月份，当室外空气温差较大时，各策略下能耗差别更加明显。

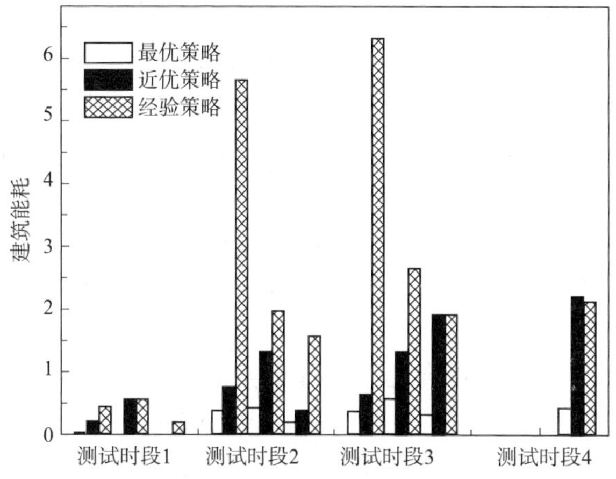

图 3-21 09 月最优策略、近优策略、经验策略下仿真中能耗比较

表 3-16 数值仿真空调系统和自然通风近优联合控制策略和经验控制策略 1 节能率

测试时段	08:00	11:00	14:00	17:00
07-16	69. 04%	27. 19%	51. 07%	60. 2%
07-17	78. 07%	52. 99%	61. 21%	90. 11%
07-20	74. 79%	45. 52%	23. 97%	54. 5%
08-14	75. 17%	8. 23%	29. 75%	26. 30%
08-15	21. 64%	6. 41%	90. 37%	46. 04%
08-20	85. 26%	7. 91%	8. 26%	30. 2%
09-12	67. 15%	88. 55%	90. 41%	18. 5%
09-14	5. 49%	29. 68%	33. 39%	12. 5%
09-15	100. 00%	77. 43%	0. 01%	-8. 13%

表 3-17 数值仿真空调系统和自然通风近优联合控制策略和经验控制策略 2 节能率

测试时段	08:00	11:00	14:00	17:00
07-16	41. 63%	16. 7%	10. 56%	8. 13%
07-17	10. 27%	69. 16%	92. 40%	78. 01%
07-20	11. 36%	-47. 9%	23. 98%	67. 2%
08-14	70. 27%	53. 42%	-81. 42%	-89. 4%
08-15	-89. 8%	-0. 41%	52. 36%	-38. 3%
08-17	8. 75%	58. 35%	0	-9. 96%
09-12	6. 89%	63. 67%	74. 66%	78. 67%
09-14	11. 23%	-50. 5%	-14. 74%	20. 3%
09-15	4. 11%	62. 42%	-89. 5%	-8. 02%

由表 3-16 和表 3-17 知：

(1)空调系统和自然通风联合近优控制策略相对于经验控制策略 1 而言，仅在 09 月 15 日下午 17:00 的节能率为负值，而在其他测试时段，节能率均为正值，说明近优策略相对于经验控制策略 1 具有明显节能优势，且其节能率在区间[90%,100%]的时段，比例为 10%左右，节能率在区间[70%,100%]的时段，比例为 25%左右，节能率在区间[50%,100%]的时段，比例为 50%左右，节能率在区间[30%,100%]的时段，比例为 60%左右，节能率在区间[10%,100%]的时段，比例为 84%左右，说明近优策略相对经验策略 1 节能率基本高于 10%左右。

(2)空调系统和自然通风联合近优控制策略相对于经验控制策略 2 仅在五个测试时段节能率为负值，说明本章策略近优方法所得近优联合控制策略的实际可行性和有效性，且节能率在区间[90%,100%]的时段，比例为 2%左右，节能率在区间[70%,100%]的时段，比例为 10%左右，节能率在区间[50%,100%]的时段，比例为 30%，节能率在区间[30%,100%]的时段，比例为 36%，节能率在区间[10%,100%]的时段，比例为 55%，说明近优策略相对经验策略 2 的节能率基本在 10%~30%之间。

图 3-22 第一栏为 07 月份测试时段 1 内最优、近优、经验策略下室内空气温度的变化规律，易知在此测试时段，在预开启阶段终了时刻，室内空气温度均达到舒适区内。结合能耗图 2-19 知，三者能耗差异较小，说明三者策略均可在相等能耗下满足室内空气温度的舒适度约束。

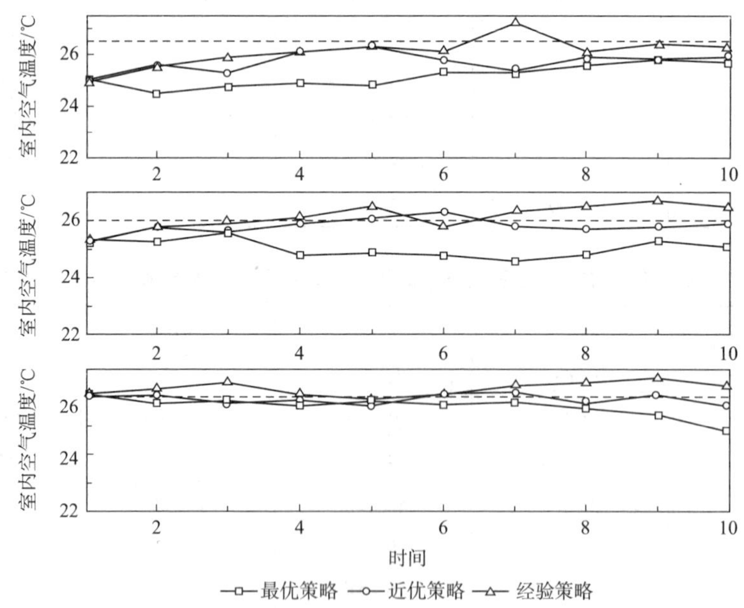

图 3-22　07 月最优策略、近优策略、经验策略下仿真中室内空气温度比较

图 3-22 第二栏为 07 月份测试时段 2 最优、近优、经验策略下室内空气温度的变化规律，易知在此测试时段，在预开启阶段终了时刻，在近优策略下室内空气温

度没有达到舒适区，而在最优和近优策略下室内空气温度达到舒适区，且结合能耗图 3-19 知，近优和最优策略均较经验策略节能。

图 3-22 第三栏为 07 月份测试时段 3 最优、近优、经验策略下室内空气温度的变化规律，易知在此测试时段，在预开启阶段终了时刻，在近优策略下室内空气温度没有达到舒适区，而在最优和近优策略下室内空气温度达到舒适区，且结合能耗图 3-19 知，近优和最优策略均较经验策略更为节能。

图 3-23 第一栏为 08 月份测试时段 1 最优、近优、经验策略下室内空气温度的变化规律，易知在预开启阶段终了时刻，室内空气温度达到舒适区，结合 08 月份能耗图 3-20 知，三者能耗差异也较小，此时近优策略节能优势小。

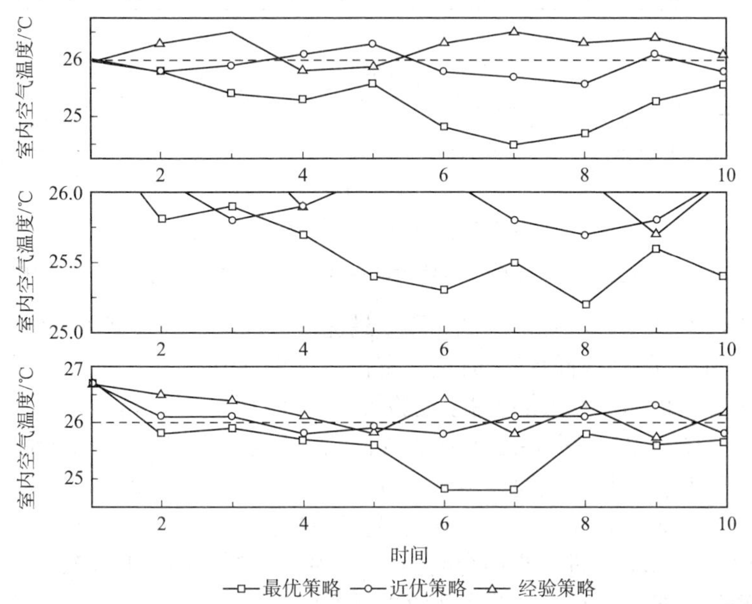

图 3-23　08 月份最优策略、近优策略、经验策略下仿真室内空气温度比较

图 3-23 第二栏为 08 月份测试时段 2 最优、近优、经验策略下室内空气温度变化规律，易知在预开启阶段终了时刻，室内空气温度均达到舒适区，结合 08 月份能耗图 3-20 知，此时近优策略相对于经验策略较为节能。

图 3-23 第三栏为 08 月份测试时段 3 最优、近优、经验策略下室内空气温度变化规律，易知在预开启阶段终了时刻，室内空气温度均达到舒适区，结合 08 月份能耗图 3-20 知，此时近优策略相对于经验策略较为节能。

图 3-24 第一栏为 09 月份测试时段 1 最优、近优、经验策略下室内空气温度变化规律，易知在预开启阶段终了时刻，室内空气温度均达到舒适区，结合 09 月份能耗图 3-21 知，三策略下建筑能耗差异较小。

图 3-24 第二栏为 09 月份测试时段 2 最优、近优、经验策略下室内空气温度变化规律，易知在预开启阶段终了时刻，室内空气温度均达到舒适区，结合 09 月份能耗图 3-21 知，近优策略相对于经验策略具有较大节能优势。

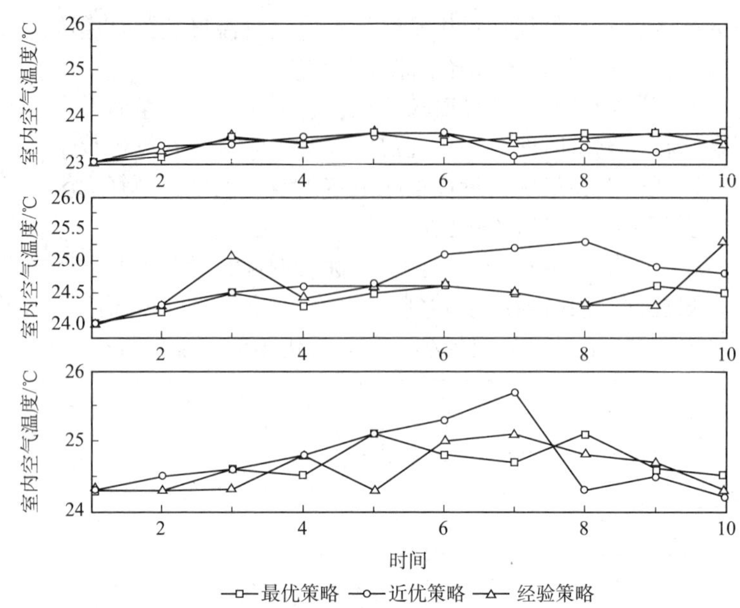

图 3-24　09 月份最优策略、近优策略、经验策略下仿真室内空气温度比较

图 3-24 第三栏为 09 月份测试时段 3 最优、近优、经验策略下室内空气温度变化规律，易知在预开启阶段终了时刻，室内空气温度均达到舒适区，且结合 09 月份能耗图 3-21 知，近优策略相对于经验策略具有较大节能优势。

最终，从图 3-22、图 3-23 和图 3-24 可知，空调系统和自然通风联合近优策略下室内空气温度相较于经验策略下相应室内空气温度在预开启阶段终了时刻均达到了舒适区内，而经验策略下室内空气温度不具有此特征，其预开启终了时刻舒适度不满足比例为 30%，进一步结合能耗图 3-19、图 3-20 和图 3-21 可知，近优策略相较于经验策略可以在大大节省建筑能耗的同时，大大提高室内环境舒适度，说明本章近优策略在实际中的可行性和有效性。

图 3-25 为 07 月份 4 个测试时段将本章近优策略应用于仿真和实验环境时，建筑总能耗详情，可知，近优策略用于实验环境的能耗普遍高于其用于仿真环境时的能耗，且可知在 07 月份测试时段 3，二者相差不大，而在其他测试时段，相差较为明显。

图 3-26 为 08 月份各测试时段将近优策略用于实验和仿真时建筑能耗详情，可知，近优策略用于实验环境下的建筑能耗普遍大于其用于仿真环境下能耗，且在 08 月份室外空气焓值相对较高且变化较大，二者差值在四个测试时段均较为明显。

图 3-27 为 09 月份四个测试时段将近优策略用于实验和仿真下的建筑能耗情况，可知，近优策略用于实验环境下的能耗普遍大于其用于仿真下的能耗，且在 09 月份二者差异相对较小。

从图 3-25~图 3-27 可知，将近优策略应用于实际实验中时，近优策略在实验和仿真环境中建筑能耗比较，实验中近优策略下能耗高于仿真中相应策略下能耗，由实验房间受到邻室热扰、密闭性、自然通风、天参数变化的影响造成的。

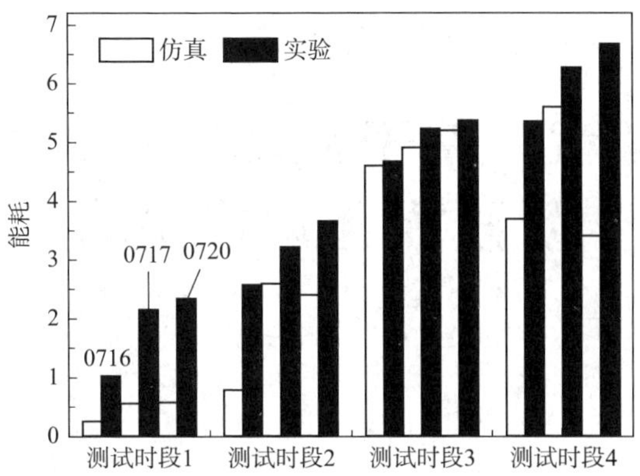

图 3-25 7 月份实验和仿真中联合控制近优策略下建筑能耗比较

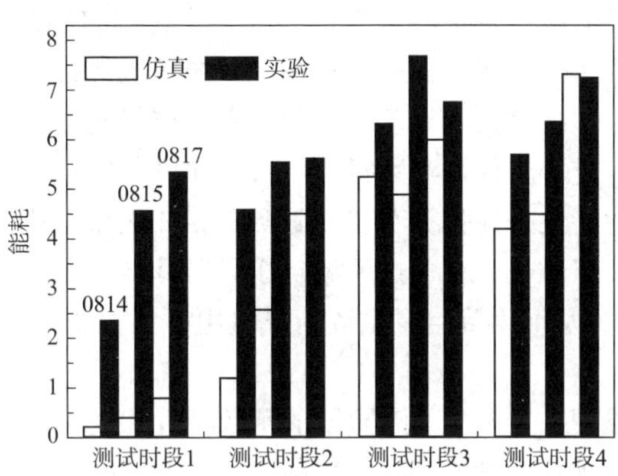

图 3-26 8 月份实验和仿真中联合控制近优策略下建筑能耗比较

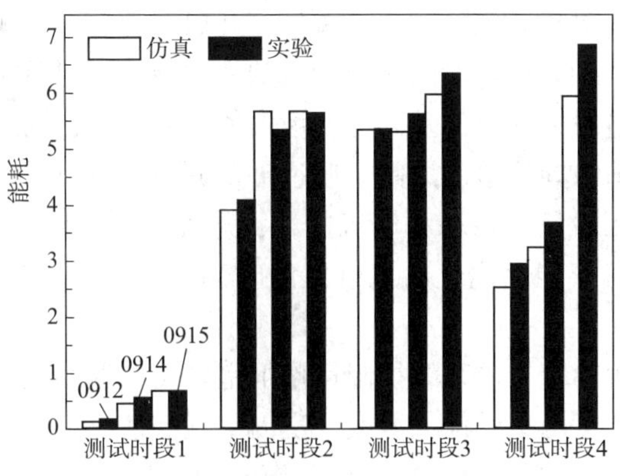

图 3-27 9 月份实验和仿真中联合控制近优策略下建筑能耗比较

第4章 基于机理模型预开启阶段联合近优策略

4.1 引言

本章通过进一步分析预开启阶段，新风机组、风机盘管、自然通风与室内空气热湿交换机理，通过分析影响室内空气热湿状态变化与自然通风冷/热量、空调冷量以及建筑总能耗的耦合关系，提出影响建筑室内环境参数和空调系统热湿能量交换的关键参数指标，包括室内空气基础温度、室外空气温度、给定空调控制策略下室内温度三项指标。进一步根据参数指标与自然通风制冷量、新风机组、风机盘管换热量与能耗的变化特性来优化调节自然通风开启/关闭时间，新风机组、风机盘管风机启动时刻、开启时长、相关送风量、送风时间等参数变量等，基于节能“大温差、小流量”机制，从而得到空调系统新风机组、风机盘管、自然通风开窗等的联合近优控制策略。

根据室外空气温度在空调预开启阶段的函数特性和变化规律，对新风机组优化风机启动时刻向相应预开启阶段室外空气温度极大值方向调节，而新风机组送风量同样遵循往送风量约束范围的极小值方向调节的原则，通过平衡调节新风机组能耗的两大因素即制冷量和风机能耗，形成“大温差、小风量”调节规则，最终确定新风机组能耗优化下的风机启停时刻、送风量、开启时长等策略阈值信息。根据室内空气基础温度在空调预开启阶段的函数特性和变化规律，对风机盘管风机优化启动时刻向相应预开启阶段室内空气基础温度极大值方向调节，而其送风量遵循在送风量约束范围的极小值方向调节的原则，通过平衡调节决定风机盘管总能耗和室内舒适度的两大因素即制冷量与能耗和风机能耗，从而形成“大温差、小风量”调节规则，最终确定风机盘管能耗优化的风机启停时刻、送风量、送风时长等策略阈值信息。

最后，本章提出给定空调系统控制策略下室内空气温度概念，根据给定空调控制策略下室内空气温度与室外空气温度、室内空气舒适设定温度上下限与自然通风引入室内冷/热量量化关系，对自然通风开窗时刻、自然通风窗户开启比例、开窗时间进行优化调节，从而得到给定空调控制策略下室内空气温度的自然通风最优策略，使得在此策略下通过自然通风引入室内冷量最大。最后，根据空调系统新风机组、风机盘管和自然通风再调节室内空气温度、降低建筑能耗的耦合关系，通过迭代方式，从理论上证明联合近优控制策略的存在性和满足的性能精度。

4.2 问题描述

本章寻求空调预开启阶段，空调系统新风机组 FAU、风机盘管 FCU 和自然通风的联合优化控制策略，在满足人员舒适度的同时，尽可能降低建筑总能耗。即想要研究在空调预开启阶段，在什么时刻开启 FAU、FCU 和窗户，FAU 风机开启挡数多少？且 FCU 开启多少台，每台风机开启挡数多少？窗户面积开启比例多大？能够满足人员舒适且建筑总能耗较小？

针对以上新风机组 FAU、风机盘管 FCU 和自然通风联合最优控制策略的求解方法有数学规划、动态规划、遗传算法等，但数学规划对于最优控制问题系统状态为非线性、控制变量为连续和离散混合问题稍显不足，动态规划方法可以得到联合控制问题的最优解，但当联合最优控制问题的规模较大时，寻求最优解相对困难，且容易陷入局部最优解和发生维数灾问题。遗传算法虽然可以得到最优问题的逼近解，但其忽略最优控制问题的结构信息，计算量大且易陷入局部最优。

根据问题研究侧重点不同，本书给出以下相关假设：

假设 1：空调系统冷冻水温和流量是定值，式(4-1)成立：

$$T_{CHWS}(\tau)=T_{CHWS.con};G_{CHWS}(\tau)=G_{CHWS.con};\forall\tau\in[\tau_{initial},\tau_{final}] \tag{4-1}$$

假设 2：夏季，冷冻水温低于室外空气温度，即式(4-2)成立：

$$T_{CHWS}(\tau)\leqslant T_{oa}(\tau),\forall\tau\in[\tau_{initial},\tau_{final}] \tag{4-2}$$

假设 3：空调预开启时间小于 1 时，室外空气温度为定值，即式(4-3)成立：

$$L_{f-i}=\tau_{final}-\tau_{initial}\leqslant 1,T_{oa}(\tau)=T_{oa.con},\forall\tau\in[\tau_{initial},\tau_{final}] \tag{4-3}$$

假设 4：本书讨论空调系统和自然通风两种联合控制模式，以及简单和复杂联合控制模式。

简单模式，自然通风窗户开启状态是时间的二次函数，窗户开启时，开窗面积比例设定为“1”，窗户关闭时，开窗面积比例设定为“0”；FCU 风机状态是时间的二次函数，当 FCU 风机开启时，开启转速设定为最大，当 FCU 风机关闭时，风机转速设定为“0”；FAU 风机状态是时间的二次函数，当 FAU 风机开启时，开启转速设置为最大，当 FAU 风机关闭时，风机转速设置为“0”，如式(4-4)所示：

$$\begin{aligned}&q_{wor}=\begin{cases}0,\text{当窗户完全关闭时}\\1,\text{当窗户完全打开时}\end{cases}\\&v_{FCU}=\begin{cases}0,\text{当 FCU 的风机完全关闭时}\\1,\text{当 FCU 的风机完全打开时}\end{cases}\\&v_{FAU}=\begin{cases}0,\text{当 FAU 的风机完全关闭时}\\1,\text{当 FAU 的风机完全打开时}\end{cases}\end{aligned} \tag{4-4}$$

复杂模式，自然通风窗户状态是时间的连续函数，窗户开启时，其开窗面积比例在 0 和 1 之间连续变化，窗户关闭时，开窗面积比例为 0；FCU 风机状态是时间的连续函数，当 FCU 风机开启时，开启转速从 0 到最大变化，当 FCU 风机关闭时，风机转速为 0；FAU 风机状态是时间的连续函数，当 FAU 风机开启时，开启转速从 0 到最大变化，当 FCU 风机关闭时，风机转速为 0，如式(4-5)所示：

$$
\begin{gathered}
q_{wor}\begin{cases}=0,\text{当窗户完全关闭时}\\ \in(0,1],\text{当窗户完全开启时}\end{cases}\\
v_{\mathrm{FAU}}\begin{cases}=0,\text{当 FAU 的风机完全关闭时}\\ \in(0,v_{FanFAU}^{\max}],\text{当 FAU 的风机打开时}\end{cases}\\
v_{FCU}\begin{cases}=0,\text{当 FCU 的风机完全关闭时}\\ \in(0,v_{FanFCU}^{\max}],\text{当 FCU 的风机打开时}\end{cases}
\end{gathered}
\tag{4-5}
$$

4.3 预开启阶段联合控制机理所对应的数学模型

用 s_τ 表示所考虑系统的状态，包括室内空气温度、墙体各层节点温度、FCU 盘管表面温度、FAU 盘管表面温度，记为 $s_\tau=(T_{ia}(\tau), T_{w.i.n+1}(\tau), T_{heFAU}(\tau), T_{heFCU}(\tau), T_{FAUs}(\tau), T_{FCUs}(\tau))$，控制变量包括风机盘管开启数目、风机盘管风机开启挡数、新风机组风机开启挡数、窗户开启比例，记为 $u(\tau)=(n_{FCU}(\tau), v_{FCU}(\tau), v_{FAU}(\tau), \theta_{wor}(\tau))$。这里分别用公式(4-3)、公式(4-4)、公式(4-5)描述室内空气温度、室内空气含湿量、建筑墙体温度的变化过程。

1. 风机盘管 FCU 和新风机组 FAU 壁管温度的状态变化方程

描述风机盘管 FCU、新风机组 FAU 壁管表面温度的动态变化过程，用公式(4-6)和公式(4-7)表示。

$$
c_{he.FAU}\frac{\mathrm{d}T_{he.FAU}}{\mathrm{d}\tau}=-h_{he.FAU}v_{airFAU}^{2/3}A_{he.FAU}(T_{he.FAU}-T_{FAUs})-\kappa_{FAU}h_{he.FAU.s}\min[p(T_{he.FAU})-p_{FAUs},0]+Q_{FAUin} \tag{4-6}
$$

$$
c_{he.FCU}\frac{\mathrm{d}T_{he.FCU}}{\mathrm{d}t}=-h_{he.FCU}v_{airFCU}^{2/3}A_{he.FCU}(T_{he.FCU}-T_{ia})-\kappa_{FCU}h_{he.FCU.s}\min[p(T_{he.FCU})-p_{FCUs},0]+Q_{FCUin} \tag{4-7}
$$

2. 风机盘管 FCU 和新风机组 FAU 送风温度的状态变化方程

描述风机盘管 FCU、新风机组 FAU 送风温度动态变化过程，用公式(4-8)和公式(4-9)表示。

$$
\rho_a c_{pa}G_{FAUs}\frac{\mathrm{d}T_{FAUs}}{\mathrm{d}\tau}=G_{FAUs}\rho_a c_{pa}(T_{oa}-T_{FAUs})+G_{FAUs}\rho_a K_{wvFAU}(p_{oa}-p_{FAUs})+Q_{he.FAU}+\kappa_{FAU}h_{he.FAU.s}\min[p(T_{heFAU})-p_{FAUs},0] \tag{4-8}
$$

$$\rho_a c_{pa} G_{FCUs} \frac{\mathrm{d}T_{FCUs}}{\mathrm{d}\tau} = G_{FCUs}\rho_a c_{pa}(T_{ia} - T_{FCUs}) + G_{FCUs}\rho_a K_{wvFCU}(p_{ia} - p_{FCUs}) + Q_{he.FCU} + \kappa_{FCU} h_{he.FCU.s} \min[p(T_{heFCU}) - p_{FCUs}, 0] \tag{4-9}$$

3. 系统约束

第一组初始时刻室内空气温度、相对湿度已知；第二组在预开启终止时刻，室内空气温度、相对湿度舒适范围已知，如公式(4-10)所示：

$$\begin{cases} T_{ia}(\tau_{initial}) = T_{iain}, H_{ia}^{R}(\tau_{initial}) = H_{iain}^{R}, \tau = \tau_{initial} \\ T_{ia}(\tau_{final}) \in \Pi_{iafinal}, H_{ia}^{R}(\tau_{trans}) \in \Pi_{iafinal}^{R}, \tau = \tau_{final} \end{cases} \tag{4-10}$$

4. 控制变量约束

包括窗户开启面积约束、FCU 开启数目约束、FCU 风机开启挡数约束、FAU 风机开启挡数约束，依次如公式(4-11)所示：

$$\begin{cases} \theta_{wor}(\tau) \in \Theta_{wor} \\ n_{FCU}(\tau) \in \tilde{N}_{FCU} \\ v_{FCU}(\tau) \in \tilde{M}_{FCU} \\ v_{FAU}(\tau) \in \tilde{M}_{FAU} \end{cases} \forall \tau \in [\tau_{initial}, \tau_{final}] \tag{4-11}$$

4.4 预开启阶段空调系统和自然通风联合近优策略方法

在给出空调预开启阶段，空调系统风机盘管、新风机组和自然通风联合最优控制数学模型后，下面给出联合控制近优策略方法，首先通过分析给出空调系统 FAU、FCU 和自然通风进行策略优化的依赖参数指标，包括室内空气基础温度、室外空气温度、给定空调策略下室内空气温度；其次，通过分析风机盘管、新风机组和自然通风与室内空气热湿交换机制，量化所选指标与室内舒适度、能耗的关系；最后，依据选定指标的函数特性进行近优策略，证明在预开启阶段室内空气基础温度、室外空气温度、给定空调策略下室内空气温度分别为单调函数时，其各自近优策略满足阈值型策略特征，最后给出相关方法的伪代码。

4.4.1 基本定义

空调系统和自然通风单独或联合控制策略与室内外空气环境、室内外物理环境、能量-质量传递原理密不可分，研究在非空调、非自然通风条件下室内热湿状态是进行空调系统和自然通风控制策略优化的基础。

【定义 1】 室内空气基础温度：如果从 $\tau_{initial}$ 到 τ 之间，空调系统和自然通风均与室内空气没有发生传热传质过程，在 τ 时刻室内空气温度 $T_{ia}(\tau)$ 称为室内空气基础温度 $T_{bzia}(\tau)$ 。

室内空气温度用式(4-12)计算。

$$T_{ia}(\tau)=\int_{-\infty}^{\tau}\sum_{i}\sum_{k}\varphi_{i.k}(\tau)\mathrm{e}^{\lambda_i(\tau)(\tau-\xi)}u_k(\xi)\mathrm{d}\xi \tag{4-12}$$

式中，$\lambda_i(\tau)$、$\varphi_{i.k}(\tau)$ 是由建筑物理特性决定的参数，通常为常值 λ_i，$\varphi_{i.k}$；$u_k(\tau)$ 表示 τ 时刻对室内空气热过程有影响的热源集合。如图 4-1 所示。

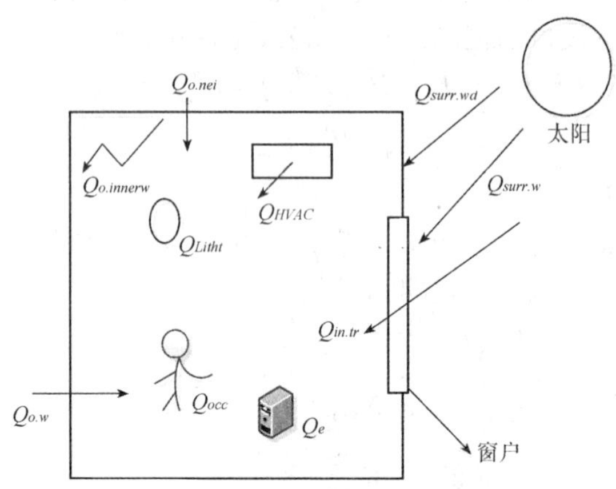

图 4-1　室内空气温度影响热源

因此，室内空气基础温度 $T_{iabz}(\tau)$ 由公式(4-7)中 $Q_{HVAC}(\tau)$、$Q_{nv}(\tau)$ 取零值时得到，如式(4-13)所示：

$$T_{bzia}(\tau)=\int_{-\infty}^{\tau}\sum_{i}[\varphi_{i.1}\mathrm{e}^{\lambda_i(\tau-\xi)}Q_{wall}(\xi)+\varphi_{i.2}\mathrm{e}^{\lambda_i(\tau-\xi)}Q_{transolar}(\xi)+\varphi_{i.3}\mathrm{e}^{\lambda_i(\tau-\xi)}Q_{win}(\xi)]\mathrm{d}\xi \tag{4-13}$$

从公式(4-13)可知，室内空气基础温度决定于围护结构物理参数，透过玻璃窗等透明围护结构传热至室内能量和透过非透明围护结构传热至室内的能量，分别用 $\varphi_{i,k}$，$k=1,2,3$，$Q_{transolar}(\tau)$，$Q_{wall}(\tau)$ 来表示。

风机盘管和新风机组盘管换热量用式(4-14)进行计算：

$$Q_{coil}(\tau)=\frac{c_1G_{ina}^3(\tau)}{1+c_2[G_{CHWS}(\tau)/G_{ina}(\tau)]^{c_3}}[T_{ina}(\tau)-T_{CHWS}(\tau)] \tag{4-14}$$

式中，$c_1>c_2>c_3$，由风机盘管、新风机组性能参数决定，可有其各自的铭值参数获得，与进入风机盘管和新风机组的盘管空气质量流量、进入盘管空气温度、冷冻水送水温度、冷冻水送水量无关。而 FCU 和 FAU 盘管换热量决定于进入盘管的空气质量流量、温度以及进入盘管空气温度与冷冻水送水温度差值，分别记为 $G_{ina}(\tau)$，$T_{ina}(\tau)$，$\Delta T_{ina-CHWS}(\tau)=T_{ina}(\tau)-T_{CHWS}(\tau)$。

【引理 1】　在时刻 τ，FCU 风机开启挡数为常值时，FCU 制冷量正比例室内空气温度和冷冻水送水温度差值，即 $Q_{coilFCU}(\tau)\propto(T_{ia}(\tau)-T_{CHWS}(\tau))$。

证明：已知 FCU 换热量取决于进入盘管空气温度、盘管内冷冻水送水温度、进入盘管空气质量流量、进入盘管冷冻水质量流量，如公式(4-14)所示。

对 FCU，通过将式(4-14)中将 $T_{ina}(\tau)$ 转换为 $T_{iabz}(\tau)$，则式(4-14)转换为式(4-15)，FCU 换热量与进入 FCU 空气质量流量、室内空气温度和冷冻水送水温度相关。如图 4-2 所示。

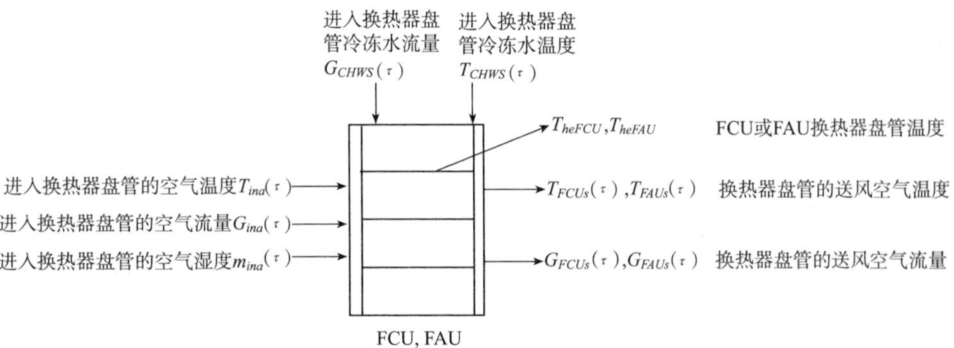

图 4-2 风机盘管和新风机组换热过程

$$
\begin{aligned}
Q_{coilFCU}(\tau) &= Q_{coilFCU}[G_{ina}(\tau), T_{ina}(\tau)] \\
&= \frac{c_1 G_{ina}^{c_3^{FCU}}(\tau)}{1 + c_2^{FCU}[G_{CHWS}(\tau)/G_{ina}(\tau)]^{c_3^{FCU}}}[T_{ina}(\tau) - T_{CHWS}(\tau)] \\
&= \frac{c_1 G_{ina}^{c_3^{FCU}}(\tau)}{1 + c_2^{FCU}[G_{CHWS}/G_{ina}(\tau)]^{c_3^{FCU}}}\Delta T_{ina-CHWS}(\tau)
\end{aligned} \tag{4-15}
$$

已知 FCU 风机开启挡数取定，即 $G_{ina}(\tau)$ 确定，记为式(4-16)：

$$
\frac{c_1^{FCU} G_{ina}^{c_3^{FCU}}(\tau)}{1 + c_2^{FCU}(G_{CHWS}/G_{ina}(\tau))^{c_3^{FCU}}} \triangleq coeff(c_1^{FCU}, c_2^{FCU}, c_3^{FCU}, G_{ina}) \tag{4-16}
$$

由式(3-16)和 FCU 盘管换热量计算公式(4-14)，则式(4-17)成立：

$$
\begin{cases}
Q_{coilFCU}(\tau) = coeff(c_1^{FCU}, c_2^{FCU}, c_3^{FCU}, G_{ina})\Delta T_{ina-CHWS}(\tau); \\
Q_{coilFCU}(\tau) \propto \Delta T_{ina-CHWS}(\tau)
\end{cases} \tag{4-17}
$$

证明完毕。

【引理 2】 在时刻 τ，FAU 风机开启挡数为常值，FAU 制冷量正比例于室外空气温度和冷冻水送水温度差值，即 $Q_{coilFAU}(\tau) \propto (T_{oa}(\tau) - T_{CHWS}(\tau))$。

证明：对新风机组 FAU 而言，进入盘管空气事实上为室外空气。替换式(4-14)中 $T_{ina}(\tau)$ 为 $T_{oa}(\tau)$，则式(4-14)转换为公式(4-18)：

$$
\begin{aligned}
Q_{coilFAU}(\tau) &= Q_{coilFAU}(G_{oa}(\tau), T_{oa}(\tau)) \\
&= \frac{c_1 G_{oa}^{c_3^{FAU}}(\tau)}{1 + c_2^{FAU}[G_{CHWS}(\tau)/G_{oa}(\tau)]^{c_3^{FAU}}}[T_{oa}(\tau) - T_{CHWS}(\tau)] \\
&= \frac{c_1 G_{oa}^{c_3^{FAU}}(\tau)}{1 + c_2^{FAU}[G_{CHWS}/G_{oa}(\tau)]^{c_3^{FAU}}}\Delta T_{oa-CHWS}(\tau)
\end{aligned} \tag{4-18}
$$

已知 FAU 风机开启挡数取定，即此时 $G_{oa}(\tau)$确定，记为式(4-19)：

$$\frac{c_1^{FAU}G_{oa}^{c_3^{FAU}}(\tau)}{1+c_2^{FAU}\left(G_{CHWS}/G_{oa}(\tau)\right)^{c_3^{FAU}}} \triangleq coeff(c_1^{FAU},c_2^{FAU},c_3^{FAU},G_{oa}) \tag{4-19}$$

由 FAU 盘管换热量公式(4-14)和公式(4-19)知，公式(4-18)转换为式(4-20)：

$$\begin{cases} Q_{coilFAU}(\tau)=coeff(c_1^{FAU},c_2^{FAU},c_3^{FAU},G_{oa})\Delta T_{oa-CHWS}(\tau) \\ Q_{coilFAU}(\tau)\propto \Delta T_{oa-CHWS}(\tau) \end{cases} \tag{4-20}$$

证明完毕。

简单和复杂模式下 FAU 送风空气流量 $G_{oa}(\tau)$和风机能耗 $E_{FanFAU}(\tau)$的取值规则如式(4-21)和式(4-22)所示：

$$G_{oa}(\tau)\begin{cases} =G_{oa}^{\max},v_{FAU}=1,E_{FanFAU}(\tau)=E_{FanFAU}^{constant} \\ =0,v_{FAU}=0,E_{FanFAU}(\tau)=0,\ \forall\tau\in[\tau_{initial},\tau_{final}] \end{cases} \tag{4-21}$$

$$G_{oa}(\tau)\begin{cases} \in(0,G_{oa}^{\max}],v_{FAU}\in[1,3],E_{FanFAU}(\tau)=a_{FanFAU}G_{oa}^{3}(\tau) \\ =0,v_{FAU}=0,E_{FanFAU}(\tau)=0;\ \forall\tau\in[\tau_{initial},\tau_{final}] \end{cases} \tag{4-22}$$

在简单和复杂模式下，时刻τ，进入 FCU 的空气流量 $G_{ina}(\tau)$ 和风机能耗 $E_{FanFCU}(\tau)$的取值规则，用式(4-23)和(4-24)表示：

$$G_{ina}(\tau)\begin{cases} =G_{ia}^{\max},v_{FCU}=1,E_{FanFCU}(\tau)=E_{FanFCU}^{constant} \\ =0,v_{FCU}=0,E_{FanFCU}(\tau)=0,\ \forall\tau\in[\tau_{initial},\tau_{final}] \end{cases} \tag{4-23}$$

$$G_{ina}(\tau)\begin{cases} \in(0,G_{ia}^{\max}],v_{FCU}\in[1,3],E_{FanFCU}(\tau)=a_{FanFCU}G_{ina}^{3}(\tau) \\ =0,v_{FCU}=0,E_{FanFCU}(\tau)=0,\ \forall\tau\in[\tau_{initial},\tau_{final}] \end{cases} \tag{4-24}$$

【引理 3】 室外空气温度 $T_{oa}(\tau)$是时间τ的二次函数。

证明：参考文献[17]。

证明完毕。

【引理 4】 在建筑传热传质框架内，室内空气基础温度 $T_{bzia}(\tau)$近似为$\tau\tau\in[\tau_{mintoday},\tau_{minnextday}]$的二次函数。

证明：根据式(4-12)将 $T_{bzia}(\tau)$ 取导数得到式(4-25)：

$$\frac{\mathrm{d}T_{bzia}(\tau)}{\mathrm{d}\tau}=\sum\varphi_{i.1}Q_{solar}(\tau)+\varphi_{i.2}Q_{wall}(\tau)+\varphi_{i.3}Q_{win}(\tau) \tag{4-25}$$

式中，

$$\begin{cases} Q_{solar}(\tau)=0 \\ Q_{win}(\tau)=c_{pwin}F_{win}[T_{oa}(\tau)-T_{bzia}(\tau)] \end{cases}$$

$$Q_{wall}(\tau)=\sum_{j=1}^{6}c_{pw}F_{wall}[T_{j.w.(n+1)}(\tau)-T_{bzia}(\tau)]$$

$$\frac{\mathrm{d}T_{bzia}(\tau)}{\mathrm{d}\tau} = \sum_i \varphi_{i.1} Q_{solar}(\tau) + \varphi_{i.2} \sum_{j=1}^{6} c_{pw} F_{wall} [T_{j.w.(n+1)}(\tau) - T_{bzia}(\tau)] \tag{4-26}$$

$$+ \varphi_{i.3} c_{pwin} F_{win} [T_{oa}(\tau) - T_{bzia}(\tau)]$$

即

$$= \sum_i \varphi_{i.2} \sum_{j=1}^{6} c_{pw} F_{wall} T_{j.w.(n+1)}(\tau) + \varphi_{i.3} c_{pwin} F_{win} T_{oa}(\tau)$$

$$- (6\varphi_{i.2} c_{pw} F_{wall} + \varphi_{i.3} c_{pwin} F_{win}) T_{bzia}(\tau)$$

将公式(4-26)对 $T_{bzia}(\tau)$进行上积分，则有下式成立：

$$\int^{\tau} \frac{\mathrm{d}T_{bzia}(\xi)}{\mathrm{d}\xi} = \int^{\tau} \sum_i \varphi_{i.2} \sum_{j=1}^{6} c_{pw} F_{wall} T_{j.w.(n+1)}(\xi) + \varphi_{i.3} c_{pwin} F_{win} T_{oa}(\xi)$$

$$- (6\varphi_{i.2} c_{pw} F_{wall} + \varphi_{i.3} c_{pwin} F_{win}) T_{bzia}(\xi) \mathrm{d}\xi$$

最终，我们有

$$(\sum_i 6\varphi_{i.2} c_{pw} F_{wall} + \varphi_{i.3} c_{pwin} F_{win}) T_{bzia}^2(\tau) + T_{bzia}(\tau)$$

$$- (\sum_i \varphi_{i.2} \sum_{j=1}^{6} c_{pw} F_{wall} T_{j.w.(n+1)}(\tau) + \varphi_{i.3} c_{pwin} F_{win} T_{oa}(\tau)) = 0$$

根据二次函数求解和 $T_{bzia}(\tau)>0$ 知，我们记 $\Delta_a = (\sum_i 6\varphi_{i.2} c_{pw} F_{wall} + \varphi_{i.3} c_{pwin} F_{win}) > 0$, $\Delta_b = 1$,

$\Delta_c = -(\sum_i \varphi_{i.2} \sum_{j=1}^{6} c_{pw} F_{wall} T_{j.w.(n+1)}(\tau) + \varphi_{i.3} c_{pwin} F_{win} T_{oa}(\tau))$，则下式成立：

$$T_{bzia}(\tau) = \frac{-1 + \sqrt{1 - 4\Delta_a \Delta_c}}{2\Delta_a} > 0$$

已知，$\Delta_a > 0$ 且为定值，则 $T_{bzia}(\tau)$是 $T_{oa}(\tau)$的 1/2 次方幂次函数，根据引理 3，$T_{oa}(\tau)$为时间 τ 的二次函数，由幂次方函数的单调性和复合函数单调性定理，知 $T_{bzia}(\tau)$为时间 τ，$[\tau_{min\,today}, \tau_{minnext\,day}]$区间上近似的二次函数。

证明完毕。

【引理 5】 FCU 换热量 $Q_{coil\,FCU}(\tau)$是室内空气基础温度 $T_{bzia}(\tau)$的单调函数。

证明：已知由假设 1 和冷冻水送水温度和流量确定公式(4-1)知冷冻水送水温度和流量满足下式：

$$\begin{cases} G_{CHWS}(\tau_2) = G_{CHWS}(\tau_1) \triangleq G_{CHWS} \\ T_{CHWS}(\tau_2) = T_{CHWS}(\tau_1) \triangleq T_{CHWS} \end{cases}$$

因此，如果有 $T_{bzia}(\tau_2) > T_{bzia}(\tau_1)$，则有下式成立：

$$[T_{bzia}(\tau_2) - T_{CHWS}(\tau_2)] > [T_{bzia}(\tau_1) - T_{CHWS}(\tau_1)]$$

$$\triangleq (T_{bzia}(\tau_2) - T_{CHWS}) > (T_{bzia}(\tau_1) - T_{CHWS})$$

则由计算盘管换热量公式(4-14)知，在 τ_1、τ_2时 FCU 盘管换热量 $Q_{coilFCU}(s)$，$s=\tau_1$，τ_2计算如下：

$$Q_{coilFCU}(s)=\frac{c_1^{FCU}G_{ina}^{c_3^{FCU}}(s)}{1+c_2^{FCU}\left[G_{CHWS}(s)/G_{ina}(s)\right]^{c_3^{FCU}}}\Delta T_{bzia-CHWS}(s),s=\tau_1,\tau_2$$

已知 $c_j^{FCU}\geqslant 0$ 且由风机盘管的铭牌参数获得，当进入 FCU 盘管的室内空气的风量相等时，即用下式表示：

$$G_{ina}(\tau_2)=G_{ina}(\tau_1)$$

则 $\forall T_{bzia}(\tau_2)>T_{bzia}(\tau_1)$ 和公式(4-17)，有式(4-27)成立：

$$\begin{cases}\Delta T_{bzia-CHWS}(\tau_2)>\Delta T_{bzia-CHWS}(\tau_1)\\ coeff(c_1^{FCU},c_2^{FCU},c_3^{FCU},G_{ina}(\tau_2))=coeff(c_1^{FCU},c_2^{FCU},c_3^{FCU},G_{ina}(\tau_1))\end{cases}\tag{4-27}$$

最终我们有：

$$Q_{coilFCU}(T_{bzia}(\tau_2))>Q_{coilFCU}(T_{bzia}(\tau_1))$$

即 FCU 盘管换热量 $Q_{coilFCU}(\tau)$是室内空气基础温度的单调函数。

证明完毕。

【定义 2】 阈值型策略：预开启阶段，存在时刻 τ_{start} 之后，空调系统或自然通风保持开启。显然，基于阈值型策略的结构特性，如果近优策略符合阈值型时，可以首先在阈值型策略的策略空间进行策略寻优，可以大大降低策略寻优的搜索复杂度。

【定义 3】 向量 $S=(s_1,s_2,\cdots,s_n)$大于向量 $K=(k_1, k_2, \cdots, k_m)$，如果 $\forall s_i$，k_j，$s_i\geqslant k_j$ 成立，记为 $\{s_1, s_2, \cdots, s_n\}\geqslant\{k_1, k_2, \cdots, k_m\}$。

【定义 4】 向量 $S=(s_1, s_2, \cdots, s_n)$次序大于等于向量 $K=(k_1, k_2, \cdots, k_n)$，如果 $\dim(S)=\dim(K)$，且 $\forall i$，$s_i\geqslant k_i$ 成立，记为 $(s_1, s_2, \cdots, s_n)\geqslant(k_1, k_2, \cdots, k_n)$。

【定义 5】 新风机组在预开启阶段的控制策略标记为 u_{FAU}，其近优策略标记为 $u_{FAU.app}$，风机盘管在预开启阶段的控制策略标记为 u_{FCU}，其近优控制策略标记为 $u_{FCU.app}$，自然通风窗户开度在预开启阶段控制策略标记为 u_{nv}，其近优控制策略标记为 $u_{nv.app}$，且分别表示如下式：

$$\begin{cases}u_{FAU}\triangleq[v_{FAU}(1),v_{FAU}(2),\cdots,v_{FAU}(N)]\\ u_{FAU.app}\triangleq[v_{FAU.app}(1),v_{FAU.app}(2),\cdots,v_{FAU.app}(N)]\end{cases}$$

$$\begin{cases}u_{FCU}\triangleq[v_{FCU}(1),v_{FCU}(2),\cdots,v_{FCU}(N)]\\ u_{FCU.app}\triangleq[v_{FCU.app}(1),v_{FCU.app}(2),\cdots,v_{FCU.app}(N)]\end{cases}$$

$$\begin{cases}u_{nv}\triangleq[\theta_{wor}(1),\theta_{wor}(2),\cdots,\theta_{wor}(N)]\\ u_{nv.app}\triangleq[\theta_{wor.app}(1),\theta_{wor.app}(2),\cdots,\theta_{wor.app}(N)]\end{cases}$$

简单和复杂模式下，通过风机转速和送风量的换算，其取值规则如下：

简单模式下：

$$v_{FAU}(i) \in \{0,1\};v_{FAU.app}(i) \in \{0,1\},i \in [1,N_\tau]$$

$$v_{FCU}(i) \in \{0,1\};v_{FCU.app}(i) \in \{0,1\},i \in [1,N_\tau]$$

$$\theta_{wor}(i) \in \{0,1\};\theta_{wor.app}(i) \in \{0,1\},i \in [1,N_\tau]$$

复杂模式下：

$$v_{FAU}(i) \in [0,G_{oa}^{\max}];v_{FAU.app}(i) \in [0,G_{oa}^{\max}],i \in [1,N_\tau]$$

$$v_{FCU}(i) \in [0,G_{ina}^{\max}];v_{FCU}(i) \in [0,G_{ina}^{\max}],i \in [1,N_\tau]$$

$$\theta_{wor}(i) \in [0,G_{nv}^{\max}];\theta_{wor}(i) \in [0,G_{nv}^{\max}],i \in [1,N_\tau]$$

4.4.2 新风机组近优策略方法

【引理6】 任给新风机组在预开启时段的控制策略 u_{FAU}，存在近优策略 $u_{FAU.app}$，使在满足人员舒适时，新风机组能耗满足 $J_{FAU}(u_{FAU.app}) \leqslant J_{FAU}(u_{FAU})$。

证明：任给 $u_{FAU}=[0,\ 0,\ \cdots,\ 1(i),\ 0,\ \cdots,\ 0,\ 1(j),\ 0,\ \cdots,\ 0(N)]$，在满足人员舒适度时，比较在策略 u_{FAU} 和 $u_{FAU.app}$ 下 FAU 总能耗 $J_{FAU}(u)$：

条件(1)：简单模式和空调预开启时间小于 1 时。

FAU 策略调节遵循式(4-28)，即 FAU 送风流量为最大流量，此时根据假设 3 室外空气温度为常值，则根据公式(4-16)知，FAU 的制冷量为简单模式下额定最大制冷量，FAU 风机能耗为简单模式下额定最大风机能耗，此时只是将 FAU 风机开启时刻往预开启终点时刻调节，根据定义 2，此时近优策略满足阈值型策略特征。

$$\begin{cases} G_{oa}(s) = G_{oa}^{\max},T_{oa}(s) = T_{oa.con} \\ Q_{FAU}(G_{oa}(s),T_{oa}(s)) = Q_{FAU},E_{FanFAU}(s) = E_{FanFAU}^{\max} \\ s = i,j,\cdots,m,N - \sum\limits_{w=1}^{\dim\{i,j,\cdots,m\}} l,\cdots,N \end{cases} \tag{4-28}$$

此时，FAU 近优策略为 $u_{FAU.app}=[0,\ \cdots,\ 0(i),\ 0,\ \cdots,\ 0,\ 0(j),\ 0,\ \cdots,\ 1(N-1),\ 1(N)]$，且根据能耗计算公式(4-1)，在两策略下 FAU 总能耗满足下式：

$$\sum_{s=N-1,N} J_{FAU}(l) \leqslant \sum_{l=i,j} J_{FAU}(l)$$

条件(2)：简单模式和空调预开启时间大于 1 时。

根据假设 4，存在 τ_{oa}^* 使 $\tau_{oa}^* = \operatorname{argmax}\{T_{oa}(\tau) \mid \tau_{initial} \leqslant \tau \leqslant \tau_{final}\}$，将 FAU 原始策略 u_{FAU} 重写为 $u_{FAU}=[0,\ \cdots,\ 1(i),\ 0,\ \cdots,\ 0(i_1),\ \cdots,\ 1(j),\ 0,\ \cdots,\ 0(N)]$，其中，$i_1 - i = 3600/\tau_{discrete}$，$T_{oa}(i_1) = T_{oa}(i)$，记 k_{oa}^* 为 τ_{oa}^* 对应离散时刻，根据 i，j，k_{oa}^* 关系讨论如下。

条件(2)-1：当 $1<i<j<k_{oa}^*$，$T_{oa}(i) < T_{oa}(j) < T_{oa}(k_{oa}^*)$。

FAU 策略调节遵循式(4-29)，即将 FAU 风机开启时刻向室外空气温度极值方向调节，满足在调节前后室外空气温度递增，且 FAU 送风时长递减规律。

$$\begin{cases}1 < i < j < j^* < k_{oa}^* \\ G_{oa}(j^*) = G_{oa}(j), T_{oa}(j^*) > T_{oa}(j) \\ \tau_d^* \leqslant \tau_d\end{cases} \tag{4-29}$$

根据 FAU 制冷量计算公式(4-14)和 FAU 风机送风量和能耗计算公式(4-24)，则 FAU 在简单模式下额定制冷量与开启时长之积和风机总能耗为简单模式下额定风机能耗与开启时长之积满足公式(4-30)：

$$\begin{cases}Q_{FAU}(G_{oa}(j^*), T_{oa}(j^*))\tau_d^* = Q_{FAU}(G_{oa}(j), T_{oa}(j))\tau_d \\ E_{FanFAU}(G_{oa}(j^*))\tau_d^* = E_{FanFAU}(G_{oa}(j))\tau_d\end{cases} \tag{4-30}$$

此时，FAU 近优策略为公式(4-31)：

$$u_{FAU.app}\begin{cases}= [0,\cdots,1(i),0,\cdots,0(j),\cdots,1(j^*),\cdots,0(k_{oa}^*),\cdots,0(N)] \\ 或 = [0,\cdots,0(i),0,\cdots,1(j),\cdots,1(i^*),\cdots,0(k_{oa}^*),\cdots,0(N)] \\ 或 = [0,\cdots,0(i),0,\cdots,0(j),\cdots,1(i^*),\cdots,1(j^*),\cdots,0(k_{oa}^*),\cdots,0(N)]\end{cases} \tag{4-31}$$

满足人员舒适度，根据公式(4-1)，FAU 在近优策略下总能耗较小，如图 4-3 所示。

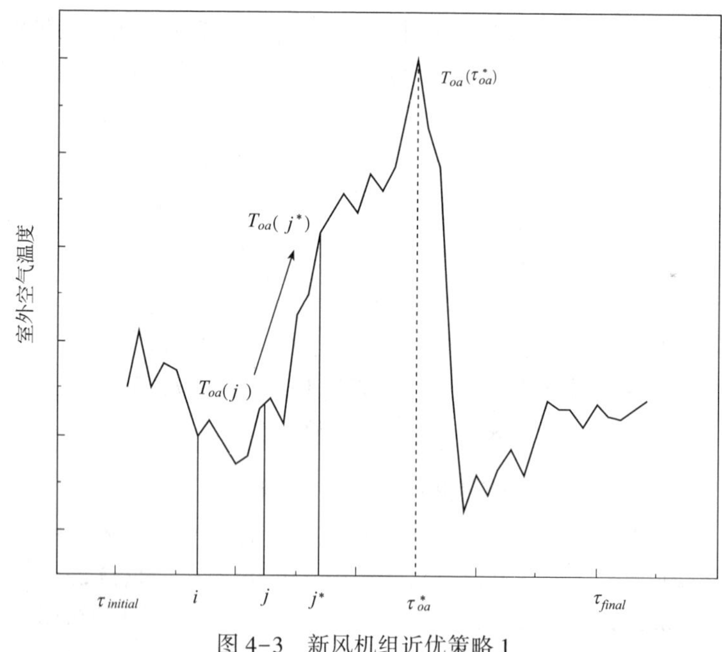

图 4-3 新风机组近优策略 1

条件(2)-2：当 $k_{oa}^* < i < j < N$，$T_{oa}(k_{oa}^*) > (T_{oa}(i), T_{oa}(j))$。

FAU 策略调节遵循式(4-32)，即将 FAU 风机开启时刻向室外空气温度极值方向调节，满足在调节前后室外空气温度递增，风机开启时长递减规律。

$$\begin{cases} k_{oa}^* < i^* < i < j < N \\ G_{oa}(i^*) = G_{oa}(i), T_{oa}(i^*) > T_{oa}(i) \\ \tau_d^* < \tau_d \end{cases} \tag{4-32}$$

根据 FAU 制冷量计算公式(4-14)和 FAU 送风量和风机能耗计算公式(4-21)，FAU 总制冷量为简单模式下额定制冷量与风机开启时长之积和风机 FAU 总能耗为简单模式下额定风机能耗与风机开启时长之积满足公式(4-33)：

$$\begin{cases} Q_{CFAU}(G_{oa}(i^*), T_{oa}(i^*))\tau_d^* = Q_{CFAU}(G_{oa}(i), T_{oa}(i))\tau_d \\ E_{FanFAU}(G_{oa}(i^*))\tau_d^* < E_{FanFAU}(G_{oa}(i))\tau_d^* \end{cases} \tag{4-33}$$

此时，FAU 近优策略为公式(3-34)：

$$u_{FAU.app}\begin{cases} = [0,\cdots,0(k_{oa}^*),0,\cdots,1(i^*),0,\cdots,0(i),0,\cdots,1(j),\cdots,0(N)] \\ 或 = [0,\cdots,0(k_{oa}^*),0,\cdots,1(j^*),0,\cdots,1(i),0,\cdots,0(j),\cdots,0(N)] \\ 或 = [0,\cdots,0(k_{oa}^*),0,\cdots,1(i^*),1(j^*),\cdots,0(i),0,\cdots,0(j),\cdots,0(N)] \end{cases} \tag{4-34}$$

满足舒适度且根据能耗计算公式(4-1)知，近优策略下 FAU 总能耗较小，如图 4-4 所示。

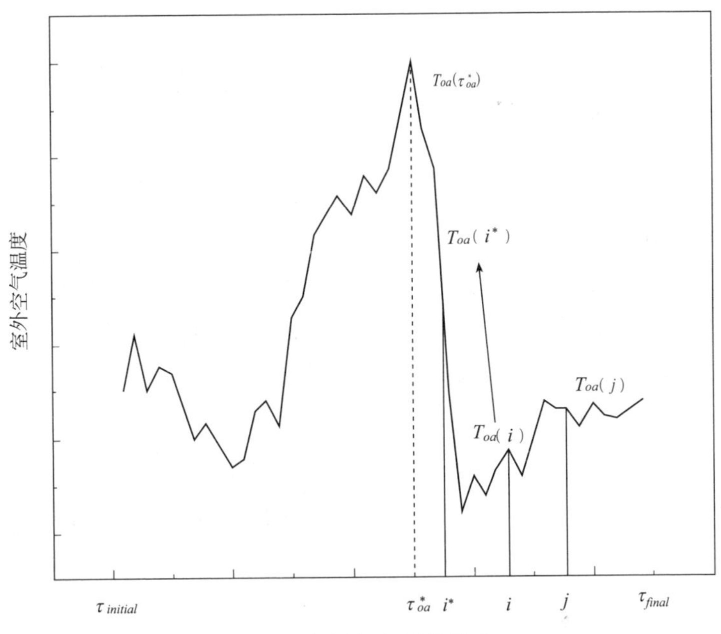

图 4-4 新风机组近优策略 2

条件(2)-3：当 $1 < i < k_{oa}^* < j < N$，$T_{oa}(k_{oa}^*) > (T_{oa}(i), T_{oa}(j))$ 成立时。

FAU 策略调节遵循式(4-35)，同样满足 FAU 风机开启时刻向室外空气温度极值方向调节，满足在调节前后室外空气温度递增，风机开启时长递减规律。

$$\begin{cases}(3-17)hold, if\ 1<i<i^{*}<k_{oa}^{*}\\(3-21)hold, if\ k_{oa}^{*}<j^{*}<j<N\\(3-17)and(3-21)hold, if\ 1<i<i^{*}<k_{oa}^{*}<j^{*}<j<N\end{cases}\tag{4-35}$$

此时，FAU 近优策略为(4-36)：

$$u_{FAU.app}\begin{cases}=[0,\cdots,0(i),\cdots,1(i^{*}),\cdots,0(k_{oa}^{*}),0,\cdots,1(j^{*}),0,\cdots,1(j),\cdots,0(N)]\\ 或=[0,\cdots,1(i),\cdots,0(k_{oa}^{*}),0,\cdots,1(j^{*}),0,\cdots,0(j),\cdots,0(N)]\\ 或=[0,\cdots,0(i),\cdots,1(i^{*}),\cdots,0(k_{oa}^{*}),0,\cdots,1(j),\cdots,0(N)]\end{cases}\tag{4-36}$$

满足舒适度且根据能耗计算公式(3-1)，在近优策略下 FAU 能耗较小，如图 4-5 所示，证明完毕。

复杂模式下，任给 FAU 控制策略 $u_{FAU}=[0,\ \cdots,\ G_{oa}(i)(i),\ \cdots,\ G_{oa}(j)(j),\ 0,\ \cdots 0(N)]$。

条件(3)：复杂模式且预开启时间小于 1 时。

FAU 策略调节遵循式(4-28)，即此时 FAU 风机送风量为连续变化函数，且此时室外空气温度为常值，则根据 FAU 风机制冷量和能耗计算公式(4-14)和公式(4-22)，此时调节前后 FAU 风机制冷量相等和风机能耗相等。则 FAU 近优策略为：

$$u_{FAU.app}=[0,\cdots,0(i),0,\cdots,0(j),0,\cdots,G_{oa}(N-1)(N-1),G_{oa}(N)(N)]$$

条件(4)：复杂模式且预开启时间大于 1 时。

根据假设 4，存在 τ_{oa}^{*} 使 $\tau_{oa}^{*}=\operatorname{argmax}\{T_{oa}(\tau)\mid\tau_{initial}\leqslant\tau\leqslant\tau_{final}\}$，将 FAU 控制策略重写为 $u_{FAU}=[0,\ \cdots,\ G_{oa}(i)(i),\ \cdots,\ 0(i_1),\ \cdots,\ G_{oa}(j)(j),\ 0,\ \cdots,\ 0(N)]$，式中：$i_1-i=3600/\tau_{discrete}$，$T_{oa}(\tau)=T_{oa}(i_1)$，$j>i_1$，$k_{oa}^{*}$ 是 τ_{oa}^{*} 离散时刻。

条件(4)-1 当 $1<i<j<k_{oa}^{*}$，$(T_{oa}(i),\ T_{oa}(j))<T_{oa}(k_{oa}^{*})$ 成立时。

FAU 策略调节遵循式(4-37)，即 FAU 调节前后符合室外空气温度递增，送风量递减规律，满足“大温差、小风量”的调节思想。

$$\begin{cases}1<(i,j)<(i^{*},j^{*})<k_{oa}^{*}\\(G_{oa}(i),G_{oa}(j))<(G_{oa}(i^{*}),G_{oa}(j^{*}))\end{cases}\tag{4-37}$$

由 FAU 总制冷量计算公式(4-14)和 FAU 风机送风量和风机能耗计算公式(4-22)知，FAU 总制冷量和风机总能耗调节对应时刻送风量三次方函数关系满足式(4-38)：

$$\begin{cases}Q_{FAU}(G_{oa}(i^{*}),T_{oa}(i^{*}))=Q_{FAU}(G_{oa}(i),T_{oa}(i))\\Q_{FAU}(G_{oa}(j^{*}),T_{oa}(j^{*}))=Q_{FAU}(G_{oa}(j),T_{oa}(j))\\(E_{FanFAU}(G_{oa}(i^{*})),E_{FanFAU}(G_{oa}(j^{*})))<(E_{FanFAU}(G_{oa}(i)),E_{FanFAU}(G_{oa}(j)))\end{cases}\tag{4-38}$$

此时，FAU 近优策略为式(3-39)：

$$u_{FAU.app}\begin{cases}=[0,\cdots,0(i),0(j),0,\cdots,G_{oa}(i^*)(i^*),\cdots,G_{oa}(j^*)(j^*),0(k_{oa}^*),\cdots,0(N)]\\ 或=[0,\cdots,0(i),0,\cdots,G_{oa}(i^*)(i^*),\cdots,0,\cdots,G_{oa}(j)(j),0(k_{oa}^*),\cdots,0(N)]\\ 或=[0,\cdots,0(j),0,\cdots,G_{oa}(i)(i),\cdots,G_{oa}(j^*)(j^*),0(k_{oa}^*),\cdots,0(N)]\end{cases} \tag{4-39}$$

满足舒适度，且根据能耗计算公式(4-1)，在近优策略下 FAU 能耗较小，如图 4-3 所示。

条件(4)-2：当 $k_{oa}^* < i < j < N$，$T_{oa}(k_{oa}^*) > (T_{oa}(i),\ T_{oa}(j))$ 成立时。

FAU 策略调节遵循式(4-40)，即将 FAU 风机开启时刻向室外空气温度极值调节，形成调节前后室外空气温度递增，送风量递减规律，形成“大温差、小风量”调节机制。

$$\begin{cases}k_{oa}^*<(i^*,j^*)<(i,j)<N\\ (G_{oa}(i^*),G_{oa}(j^*))<(G_{oa}(i),G_{oa}(j))\end{cases} \tag{4-40}$$

由 FAU 风机制冷量计算公式(4-14)和 FAU 风机送风量和能耗计算公式(4-22)知，FAU 制冷量和风机能耗满足公式(4-41)：

$$\begin{cases}Q_{FAU}(G_{oa}(i^*),T_{oa}(i^*))=Q_{FAU}(G_{oa}(i),T_{oa}(i))\\ Q_{FAU}(G_{oa}(j^*),T_{oa}(j^*))=Q_{FAU}(G_{oa}(j),T_{oa}(j))\\ (E_{FanFAU}(G_{oa}(i^*)),E_{FanFAU}(G_{oa}(j^*)))<(E_{FanFAU}(G_{oa}(i)),E_{FanFAU}(G_{oa}(j)))\end{cases} \tag{4-41}$$

此时，FAU 近优策略为公式(4-42)：

$$u_{FAU.app}\begin{cases}=[0,\cdots,0(k_{oa}^*),G_{oa}(i^*)(i^*),\cdots,G_{oa}(j^*)(j^*),\cdots,0(N)]\\ 或=[0,\cdots,0(k_{oa}^*),G_{oa}(i^*)(i^*),0,\cdots,G_{oa}(j)(j),\cdots,0(N)]\\ 或=[0,\cdots.,0(k_{oa}^*),G_{oa}(i)(i),0,\cdots,G_{oa}(j^*)(j^*),\cdots,0(N)]\end{cases} \tag{4-42}$$

满足舒适度，且根据能耗计算公式(4-1)，在近优策略下 FAU 能耗较小，如图 4-4 所示。

条件(4)-3：当 $1 < i < k_{oa}^* < j < N$，$(T_{oa}(i),\ T_{oa}(j)) < T_{oa}(k_{oa}^*)$ 成立时。

FAU 策略调节遵循式(4-43)，即综合条件(4)-1 和(4)-2 的两种调节方式进行。

$$\begin{cases}(3-23)\text{成立,如果 } 1<i<i^*<k_{oa}^*\\ (3-25)\text{成立,如果 } k_{oa}^*<j<j^*<N\\ (3-23)\text{和}(3-25)\text{成立,如果 } 1<i<i^*<k_{oa}^*<j^*<j<N\end{cases} \tag{4-43}$$

此时，FAU 近优策略为公式(4-44)：

$$u_{FAU.app}\begin{cases}=[0,\cdots,0(i),\cdots,G_{oa}(i^*)(i^*),\cdots,0(k_{oa}^*),0,\cdots,G_{oa}(j^*)(j^*),0,\cdots,0(N)]\\ 或=[0,\cdots,G_{oa}(i)(i),\cdots,0(k_{oa}^*),0,\cdots,G_{oa}(j^*)(j^*),\cdots,0(N)]\\ 或=[0,\cdots,G_{oa}(i^*)(i^*),\cdots,0(k_{oa}^*),0,\cdots,G_{oa}(j)(j),\cdots,0(N)]\end{cases} \tag{4-44}$$

满足舒适度，且根据能耗计算公式(3-1)，近优策略下 FAU 总能耗较小，如图 4-5 所示。

证明完毕。

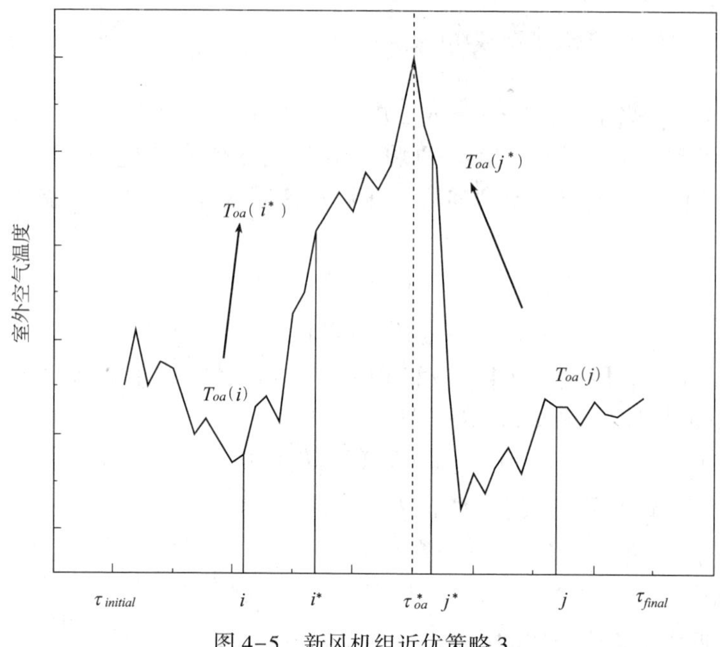

图 4-5　新风机组近优策略 3

【推论 1】　空调预开启阶段，当室外空气温度为时间 τ，$\tau\in[\tau_{initial},\ \tau_{final}]$ 的单调增函数时，任给 FAU 控制策略 u_{FAU}，存在阈值型策略 $u_{FAU.\,threshod}$，FAU 能耗满足 $J_{FAU}(u_{FAU.\,threshold})\leqslant J_{FAU}(u_{FAU})$。

证明：(1)简单模式下，$\forall\tau\in[\tau_{initial},\ \tau_{final}]$，$T'_{oa}(\tau)>0$，当空调预开启时间小于 1 时，即 $L_{f-i}<1$，由引理 6 第一步知，推论 1 成立。当空调预开启时间大于 1 时，即 $L_{f-i}>1$，公式(4-45)成立。

$$\begin{cases}(i,j)<k^*_{oa}\\ \mathrm{d}T_{oa}(\tau)/\mathrm{d}\tau>0\\ k>(i,j),T_{oa}(k)>(T_{oa}(i),T_{oa}(j))\end{cases}\tag{4-45}$$

当离散步长足够小时，根据 FAU 制冷量计算公式(4-14)和 FAU 风机能耗计算公式(4-21)，存在离散时刻 k^* 使 FAU 制冷量和风机能耗满足式(4-46)：

$$\begin{cases}\sum\limits_{s=i,j,\cdots,m}^{\dim\{i,j,\cdots,m\}}Q_{coilFAU}(s)=\sum\limits_{s=k^*}^{N}Q_{coilFAU}(s)\\ \sum\limits_{s=i,j,\cdots,m}^{\dim\{i,j,\cdots,m\}}E_{FanFAU}(s)=\sum\limits_{s=k^*}^{N}E_{FanFAU}(s)\end{cases}\tag{4-46}$$

$$k^*=N-\dim\{i,j,\cdots,m\}+1$$

且 FAU 近优策略为 $u_{FAU.threshold}=[0,\ 0,\ \cdots,\ 1(k^*),\ \cdots,\ 1(N)]$。

(2)复杂模式下，当预开启时间小于 1 时，即 $L_{f-i}<1$，由知引理 6 知，推论 1 成立。当预开启时间大于 1 时，即 $L_{f-i}>1$，任给 $u_{FAU}=[0,\ ..,\ G_{oa}(i)(i),\ \cdots,\ G_{oa}(j)(j),\ \cdots,\ 0(N)]$，离散步长分割足够小，记 $non_0=\dim\{i,\ j,\ \cdots,\ m\}/\{0\}$ 为策略 u_{FAU} 中非零项个数，则调节 FAU 风机开启时刻从 $N-non_0+1$ 到 N，根据 FAU 制冷量计算公式(4-14)和 FAU 风机能耗计算公式(4-22)以及[定义 2]知，FAU 送风量和室外空气温度满足式(4-47)：

$$\begin{cases}\{G_{oa}(N-non_0+1),\cdots,G_{oa}(N)\}>\{G_{oa}(i),\cdots,G_{oa}(j)\}\\ \{T_{oa}(N-non_0+1),\cdots,T_{oa}(N)\}\geqslant\{T_{oa}(i),\cdots,T_{oa}(j)\}\end{cases}\tag{4-47}$$

根据 FAU 制冷量和风机能耗计算公式(4-22)和公式(4-47)所描述的 FAU 送风量和室外空气温度条件，FAU 策略调节前后总制冷量和总风机能耗满足式(4-48)：

$$\begin{cases}\sum\limits_{s=i,j,\cdots m}^{\dim\{i,j,\cdots,m\}}Q_{coilFAU}(s)=\sum\limits_{s=N-non_0+1}^{N}Q_{coilFAU}(s)\\ \sum\limits_{s=i,j}^{\dim\{i,j,\cdots,m\}}E_{FanFAU}(s)\leqslant\sum\limits_{s=N-non_0+1}^{N}E_{FanFAU}(s)\end{cases}\tag{4-48}$$

根据公式(4-47)和公式(4-48)，FAU 阈值型近优策略为下式且如图 4-6 所示：

$$u_{FAU}=[0,\cdots,G_{oa}(N-non_0+1)(N-non_0+1),\cdots,G_{oa}(N)(N)]$$

且 u_{FAU} 和 $u_{FAU.threshold}$ 下根据能耗计算公式(4-1)，FAU 在两策略下总能耗满足下式：

$$J_{FAU}(u_{FAU.threshold})\leqslant J_{FAU}(u_{FAU})$$

证明完毕。

简单模式下，FAU 近优策略方法伪代码和流程如图 4-7 所示：

第 1 步：任给 FAU 控制策略 $u_{FAU}=[0,\ \cdots,\ 1(i),\ \cdots,\ 1(j),\ \cdots,\ 0(N)]$。

第 2 步：判定 $L_{f-i}<=1$ 是否成立，如果是，则进入第 3 步，如果否进入第 4 步。

第 3 步：如果公式(3-28)成立，FAU 近优策略为

$u_{FAU.app}=[0,\ \cdots,\ 0(i),\ 0,\ \cdots,\ 0(j)(j),\ 0,\ \cdots,\ 1(N-non_0)(N-non_0),\ \cdots,\ 1(N)(N)]$。

第 4 步：当 $1<(i,\ j)<k^*_{oa}$ 时，进入第 4-1 步；当 $1<i<k^*_{oa}<j<N$ 时，进入第 4-2 步；当 $k^*_{oa}<(i,\ j)<N$ 时，进入第 4-3 步；

第 4-1 步：FAU 近优策略遵循式(4-29)，则 FAU 近优策略为公式(4-31)；

第 4-2 步：FAU 近优策略遵循式(4-32)，则 FAU 近优策略为公式(4-34)；

第 4-3 步：FAU 近优策略遵循式(4-35)，则 FAU 近优策略为公式(4-36)。

第 5 步：算法结束。

复杂模式下，FAU 近优策略方法伪代码且流程如图 4-8 所示：

第 1 步：判定 $L_{f-i}\leqslant1$ 是否成立，如果是，进入第 2 步，如果否，进入第 3 步。

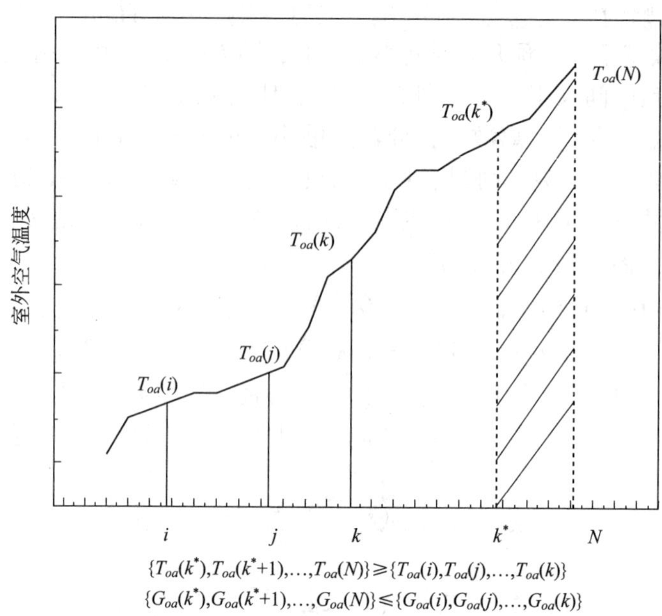

图 4-6　室外空气温度单调增，新风机组近优策略

第 2 步：任给 FAU 控制策略 $u_{FAU}=[0,\ \cdots,\ G_{oa}(i)(i),\ \cdots,\ G_{oa}(j)(j),\ \cdots,\ 0,\ \cdots,\ 0(N)]$，则 FAU 策略调节遵循式(4-22)，且 FAU 近优策略为：$u_{FAU.app}=[0,\ \cdots,\ 0(i),\ \cdots,\ 0(j),\ \cdots,\ G_{oa}(N-non_0)(N-non_0),\ \cdots,\ G_{oa}(N)(N)]$。

第 3 步：任给 FAU 控制策略 $u_{FAU}=[0,\ \cdots,\ G_{oa}(i)(i),\ \cdots,\ 0(i_1),\ G_{oa}(j)(j),\ 0,\ \cdots,\ 0(N)]$，则判定 i，j 和 k_{oa}^* 关系；如果 $1<i<j<k_{oa}^*$，则进入第 3-1 步；如果 $k_{oa}^*<i<j<N$，则进入第 3-2 步；如果 $1<i<k_{oa}^*<j<N$，则进入第 3-3 步。

第 3-1 步：则 FAU 策略调节遵循式(4-37)，FAU 近优策略为公式(4-39)；

第 3-2 步：则 FAU 策略调节遵循式(4-40)，FAU 近优策略为公式(4-42)；

第 3-3 步：则 FAU 策略调节遵循式(4-43)，FAU 近优策略为公式(4-44)。

第 4 步：算法结束。

4.4.3　风机盘管近优策略方法

【引理 7】 任给风机盘管策略 u_{FCU}，找到风机盘管近优策略 $u_{FCU.app}$，在满足人员舒适度同时，风机盘管总能耗满足 $J_{FCU}(u_{FCU.app})\leqslant J_{FCU}(u_{FCU})$。

证明：简单模式下，任给 FCU 原始策略 $u_{FCU}=[0,\ \cdots,\ 1(i),\ 0,\ \cdots,\ 1(j),\ 0,\ \cdots,\ 0]$。则由引理 4，根据室内空气基础温度为二次函数的特性知，存在时刻 τ_{bzia} 使式(4-49)成立：

$$\begin{cases}T'_{bzia}(\tau^*_{bzia})=0\\ \tau^*_{bzia}=\arg\max\{T_{bzia}(\tau)\mid\tau_{mintoday}\leqslant\tau\leqslant\tau_{minnextday}\}\end{cases}\tag{4-49}$$

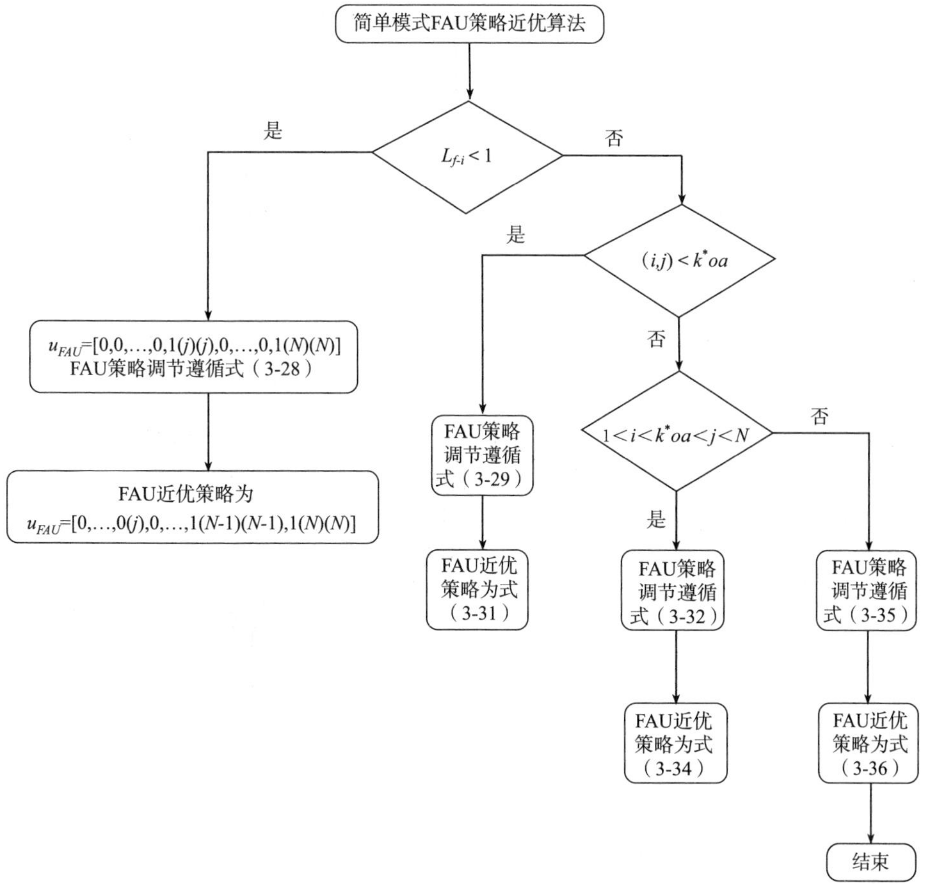

图 4-7 简单模式新风机组近优策略方法

式中，

$$\begin{cases}\tau_{mintoday} = \operatorname{argmin}\{T_{bzia}(\tau) \mid 0 \leqslant \tau \leqslant 24\} \\ \tau_{minnextday} = \operatorname{argmin}\{T_{bzia}(\tau) \mid 24 \leqslant \tau \leqslant 48\}\end{cases}$$

条件(1)：当 $\tau \in [\tau_{mintoday}, \tau^{*}_{bzia}]$，$T'_{bzia}(\tau) > 0$ 成立时。

当 FCU 策略调节遵循式(4-50)，即 FCU 风机开启时刻向室内空气基础温度极值方向调节，调节前后时刻室内空气基础温度递增，FCU 风机送风量递减，且风机开启时长递减规律。

$$\begin{cases}1 < i < i^{*} < j < k^{*}_{bzia} \\ (G_{ina}(i), G_{ina}(j)) = (G_{ina}(i^{*}), G_{ina}(j)) \\ \tau^{*}_{d} < \tau_{d} \\ T_{bzia}(i) < T_{bzia}(i^{*})\end{cases} \tag{4-50}$$

由 FCU 制冷量计算公式(4-14)和 FCU 风机能耗计算公式(4-23)知，FCU 总制冷量为额定制冷量与风机开启时长之积和风机总能耗为额定风机能耗与风机开启

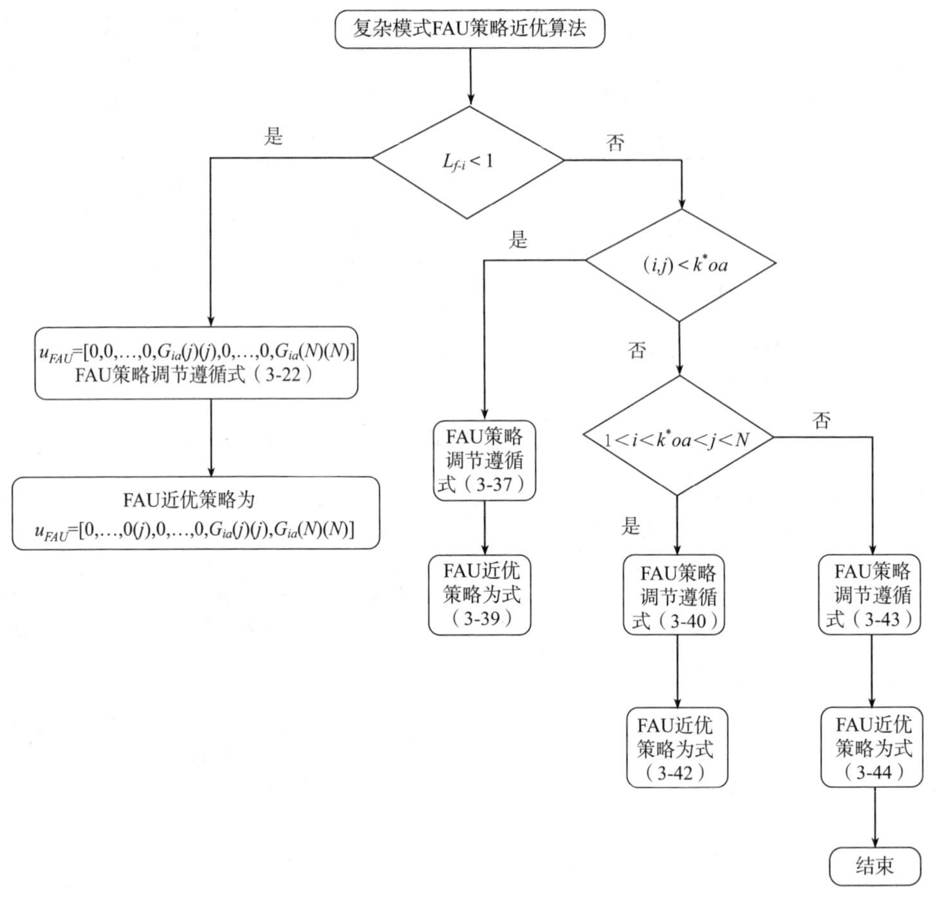

图 4-8　复杂模式新风机组近优策略方法

时长之积，且满足式(4-51)：

$$\begin{cases} Q_{FCU}(G_{ina}(i^*),\ T_{bzia}(i^*))\tau_d^* = Q_{FCU}(G_{ina}(i),\ T_{bzia}(i))\tau_d \\ E_{FanFCU}(G_{ina}(i^*))\tau_d^* = E_{FanFCU}(G_{ina}(i))\tau_d \end{cases} \tag{4-51}$$

此时，FCU 近优策略为 $u_{FCU.\,app}=[0,\ ..,\ 0(i),\ \cdots,\ 1(i^*),\ 1(j),\ 0(k_{bzia}^*),\ \cdots,\ 0(N)]$满足舒适度，且 FCU 在近优策略下总能耗较小。

当 FCU 策略调节遵循式(4-52)，即 FCU 风机开启时刻向室内空气基础温度极值方向调节，调节前后时刻室内空气基础温度递增，FCU 送风量递减，且风机开启时长递减规律。

$$\begin{cases} 1 < i < j < j^* < k_{bzia}^* \\ (G_{ina}(i),\ G_{ina}(j)) = (G_{ina}(i),\ G_{ina}(j^*)) \\ \tau_d^* < \tau_d \\ T_{bzia}(j) < T_{bzia}(j^*) \end{cases} \tag{4-52}$$

由 FCU 制冷量计算公式(4-14)和 FCU 风机送风量和能耗计算公式(4-23)知，FCU 总制冷量为额定制冷量与风机开启时长之积和风机总能耗为额定风机能耗与风机开启时长之积，且满足公式(4-53)：

$$\begin{cases}Q_{FCU}(G_{ina}(j^{*}),\ T_{bzia}(j^{*}))\tau_{d}^{*}=Q_{FCU}(G_{ina}(j),\ T_{bzia}(j))\tau_{d}\\ E_{FanFCU}(G_{ina}(j^{*}))\tau_{d}^{*}=E_{FanFCU}(G_{ina}(j))\tau_{d}\end{cases}\tag{4-53}$$

此时，FCU 近优策略为 $u_{FCU.\,app}=[0,\ 0,\ \cdots,\ 1(i),\ \cdots,\ 0(j),\ \cdots,\ 1(j^{*}),\ 0(k_{bzia}^{*}),\ \cdots,\ 0(N)]$满足舒适度，且 FCU 在近优策略下能耗较小。

当 FCU 策略调节遵循式(4-54)，即综合前面二者的调节方式和规律，进行调节。

$$\begin{cases}1<(i,\ j)<(i^{*},\ j^{*})<k_{bzia}^{*}\\ (G_{ina}(i),\ G_{ina}(j))=(G_{ina}(i^{*}),\ G_{ina}(j^{*}))\\ (\tau_{d}^{*},\ \tau_{d}'^{*})<(\tau_{d},\ \tau_{d}')\\ (T_{bzia}(i),\ T_{bzia}(j))<(T_{bzia}(i^{*}),\ T_{bzia}(j^{*}))\end{cases}\tag{4-54}$$

由 FCU 盘管制冷量计算公式(4-14)和 FCU 风机送风量和能耗计算公式(4-23)知，FCU 总制冷量和风机能耗满足式(4-55)：

$$\begin{cases}Q_{FCU}(G_{ina}(i^{*}),\ T_{bzia}(i^{*}))\tau_{d}^{*}=Q_{FCU}(G_{ina}(i),\ T_{bzia}(i))\tau_{d}\\ Q_{FCU}(G_{ina}(j^{*}),\ T_{bzia}(j^{*}))\tau_{d}'^{*}=Q_{FCU}(G_{ina}(j),\ T_{bzia}(j))\tau_{d}'\\ E_{FanFCU}(G_{ina}(i^{*}))\tau_{d}^{*}<E_{FanFCU}(G_{ina}(i))\tau_{d}\\ E_{FanFCU}(G_{ina}(j^{*}))\tau_{d}'^{*}<E_{FanFCU}(G_{ina}(j))\tau_{d}'\end{cases}\tag{4-55}$$

此时，FCU 近优策略为 $u_{FCU.\,app}=[0,\ \cdots,\ 0(i),\ \cdots,\ 0(j),\ \cdots,\ 1(i^{*}),\ \cdots,\ 1(j^{*}),\ 0(k_{bzia}^{*}),\ \cdots,\ 0(N)]$满足舒适度，且 FCU 在近优策略下总能耗较小。

总之，当条件(1)成立时，FCU 近优策略为公式(4-56)：

$$u_{FCU.\,app}\begin{cases}=[0,\cdots,0(i),\cdots,1(i^{*}),1(j),0(k_{bzia}^{*}),\cdots,0(N)]\\ \text{或}=[0,\cdots,1(i),\cdots,0(j),\cdots,1(j^{*}),0(k_{bzia}^{*}),\cdots,0(N)]\\ \text{或}=[0,\cdots,0(i),\cdots,0(j),\cdots,1(i^{*}),\cdots,1(j^{*}),\cdots,0(k_{bzia}^{*}),\cdots,0(N)]\end{cases}\tag{4-56}$$

条件(2)：当 $\tau\in[k_{bzia}^{*},\ \tau_{\mathrm{minnextday}}]$，$T'_{bzia}(\tau)<0$ 成立时。

当 FCU 策略调节遵循式(4-57)，即在室内空气基础温度递减时段，将 FCU 风机开启时刻向其极值方向调节，在调节时刻前后送风量相等，室内空气基础温度递增，FCU 风机开启时长递减规律。

$$\begin{cases}k_{bzia}^{*}<i^{*}<i<j<N\\ (G_{ina}(i^{*}),G_{ina}(j))=(G_{ina}(i),G_{ina}(j))\\ \tau_{d}^{*}<\tau_{d}\\ T_{bzia}(i^{*})>T_{bzia}(i)\end{cases}\tag{4-57}$$

由 FCU 盘管制冷量计算公式(4-14)和 FCU 风机送风量和风机能耗计算公式(4-23)知，FCU 策略调节前后总制冷量和风机总能耗满足公式(4-58)：

$$\begin{cases}Q_{FCU}(G_{ina}(i^*),T_{bzia}(i^*))\tau_d^* = Q_{FCU}(G_{ina}(i),T_{bzia}(i))\tau_d \\ E_{FanFCU}(G_{ina}(i^*))\tau_d^* = E_{FanFCU}(G_{ina}(i))\tau_d\end{cases} \tag{4-58}$$

此时，FCU 近优策略为 $u_{FCU.app}=[0, \cdots, 0(k_{iabz}^*), \cdots, 1(i^*), \cdots, 0(i), \cdots, 1(j), \cdots, 0(N)]$满足舒适度，且 FCU 在近优策略下能耗较小。

当 FCU 的策略调节遵循式(4-59)，即将 FCU 风机开启时刻向其极值方向调节，在调节时刻前后送风量相等，室内空气基础温度递增，FCU 风机开启时长递减规律，形成“大温差小风量”机制。

$$\begin{cases}k_{bzia}^* < i < j^* < j < N \\ G_{ina}(j^*) = G_{ina}(j) \\ \tau_d^* < \tau_d \\ T_{bzia}(j^*) > T_{bzia}(j)\end{cases} \tag{4-59}$$

由 FCU 制冷量计算公式(4-14)和 FCU 风机送风量和风机能耗计算公式(4-23)知，FCU 策略调节前后总制冷量和总风机能耗满足公式(4-60)：

$$\begin{cases}Q_{FCU}(G_{ina}(j^*),T_{bzia}(j^*))\tau_d^* = Q_{FCU}(G_{ina}(j),T_{bzia}(j))\tau_d \\ E_{FanFCU}(G_{ina}(j^*))\tau_d^* = E_{FanFCU}(G_{ina}(j))\tau_d\end{cases} \tag{4-60}$$

此时，FCU 近优策略为 $u_{FCU.app}=[0, \cdots, 0(k_{bzia}^*), 0, \cdots, 1(i), 1(j^*), \cdots, 0(j), \cdots, 0(N)]$，满足舒适度，且 FCU 在近优策略下总能耗较小。

当 FCU 策略调节遵循式(4-61)，即将 FCU 风机开启时刻向其极值调节，在调节时刻前后送风量相等，室内空气基础温度递增，FCU 风机开启时长递减规律，形成“大温差、小风量”机制。

$$\begin{cases}k_{bzia}^* < (i,j) < (i^*,j^*) < N \\ (G_{ina}(i^*),G_{ina}(j^*)) = (G_{ina}(i),G_{ina}(j)) \\ (\tau_d^*,\tau_d'^*) < (\tau_d,\tau_d') \\ (T_{bzia}(i^*),T_{bzia}(j^*)) > (T_{bzia}(i),T_{bzia}(j))\end{cases} \tag{4-61}$$

FCU 总制冷量为额定制冷量与风机开启时长之积和风机总能耗计算为额定风机能耗与风机开启时长之积满足式(4-62)：

$$\begin{cases}Q_{FCU}(G_{ina}(i^*),\ T_{bzia}(i^*))\tau_d^* = Q_{FCU}(G_{ina}(i),\ T_{bzia}(i))\tau_d \\ Q_{FCU}(G_{ina}(j^*),\ T_{bzia}(j^*))\tau_d'^* = Q_{FCU}(G_{ina}(j),\ T_{bzia}(j))\tau_d' \\ E_{FanFCU}(G_{ina}(i^*))\tau_d^* < E_{FanFCU}(G_{ina}(i))\tau_d \\ E_{FanFCU}(G_{ina}(j^*))\tau_d'^* < E_{FanFCU}(G_{ina}(j))\tau_d'\end{cases} \tag{4-62}$$

此时，FCU 近优策略为 $u_{FCU.app}=[0, \cdots, 0(k_{bzia}^*), 0, \cdots, 1(i^*), 1(j^*), \cdots,$

$0(i)$，…，$0(j)$，…，$0(N)$]，满足舒适度，且根据能耗计算公式(4-1)知，FCU总能耗计算为FCU制冷能耗与风机能耗之和在近优策略下较小。

总之，当条件(2)成立时，FCU近优策略为公式(4-63)：

$$u_{FCU.app}\begin{cases}=[0,\cdots,0(k_{bzia}^{*}),\cdots,1(i^{*}),\cdots,0(i),\cdots,1(j),\cdots,0(N)]\\ \text{或}=[0,\cdots,0(k_{bzia}^{*}),0,\cdots,1(i),\cdots,0(j),\cdots,0(N)]\\ \text{或}=[0,\cdots,0(k_{bzia}^{*}),0,\cdots,1(i^{*}),1(j^{*}),\cdots,0(i),\cdots,0(j),\cdots,0(N)]\end{cases} \tag{4-63}$$

条件(3)：当i，$j\in[\tau_{mintoday},\ \tau_{minnextday}]$，即$\forall\tau_{mintoday}<i<k_{bzia}^{*}<j<\tau_{minnextday}$，$(T_{bzia}(i),\ T_{bzia}(j))<T_{bzia}(\tau_{bzia}^{*})$成立时。

当FCU策略调节遵循式(4-64)，即FCU的风机开启时刻向室内空气基础温度极值方向调节，且调节前后室内空气基础温度满足单调增，送风量单调减，风机开启时长单调减的规律。

$$\begin{cases}1<i<i^{*}<k_{bzia}^{*}<j<N\\ (G_{ina}(i^{*}),G_{ina}(j))=(G_{ina}(i),G_{ina}(j))\\ \tau_{d}^{*}<\tau_{d}\\ T_{bzia}(i^{*})>T_{bzia}(i)\end{cases} \tag{4-64}$$

由FCU风机盘管制冷量计算公式(4-14)和公式(4-23)中风机送风量和能耗计算规则知，FCU总制冷量为额定制冷量与开启时长之积和风机能耗为额定风机能耗与风机开启时长之积且满足公式(4-65)：

$$\begin{cases}Q_{FCU}(G_{ina}(i^{*}),T_{bzia}(i^{*}))\tau_{d}^{*}=Q_{FCU}(G_{ina}(i),T_{bzia}(i))\tau_{d}\\ E_{FanFCU}(G_{ina}(i^{*}))\tau_{d}^{*}<E_{FanFCU}(G_{ina}(i))\tau_{d}\end{cases} \tag{4-65}$$

此时，FCU近优策略为$u_{FCU.app}$=[0，0，…，$0(i)$，…，$1(i^{*})$，$0(k_{bzia}^{*})$，0，…，$1(j)$，…，$0(N)$]，满足舒适且根据能耗计算公式(4-1)，此时FCU总能耗计算为制冷量能耗和风机能耗之和在近优策略下较小。

当FCU策略调节遵循式(4-66)，即在室内空气温度极值点的右侧进行FCU策略调节，调节前后室内空气基础温度递增，风机开启时长递减，且送风量递减规律，形成“大温差、小风量”机制。

$$\begin{cases}1<i<k_{bzia}^{*}<j^{*}<j<N\\ (G_{ina}(i),G_{ina}(j^{*}))=(G_{ina}(i),G_{ina}(j))\\ \tau_{d}^{*}<\tau_{d}\\ T_{bzia}(j^{*})>T_{bzia}(j)\end{cases} \tag{4-66}$$

由FCU制冷量计算公式(4-14)和公式(4-23)知，FCU制冷量计算为额定制冷量与开启时长之积和风机能耗计算为额定风机能耗和开启时长之积满足公式(4-67)：

$$\begin{cases}Q_{FCU}(G_{ina}(j^{*}),T_{bzia}(j^{*}))\tau_{d}^{*}=Q_{FCU}(G_{ina}(j),T_{bzia}(j))\tau_{d}\\ E_{FanFCU}(G_{ina}(j^{*}))\tau_{d}^{*}<E_{FanFCU}(G_{ina}(j))\tau_{d}\end{cases} \tag{4-67}$$

此时，FCU近优策略为$u_{FCU.app}$=[0，…，$1(i)$，…，$0(k_{bzia}^{*})$，0，…，$1(j^{*})$，…，

$0(j)$，…，$0(N)$]，满足舒适度且根据能耗计算公式(3-1)，此时FCU总能耗计算为制冷量能耗和风机能耗之和在近优策略下较小。

当FCU策略调节遵循式(4-68)，即室内空气基础温度极值两侧进行调节，策略调节遵循式(4-64)和式(4-66)，归总为式(4-68)：

$$\begin{cases}1 < i < i^* < k_{bzia}^* < j^* < j < N \\ (G_{ina}(i^*), G_{ina}(j^*)) = (G_{ina}(i), G_{ina}(j)) \\ (\tau_d^*, \tau_d'^*) < (\tau_d, \tau_d') \\ (T_{bzia}(i^*), T_{bzia}(j^*)) > (T_{bzia}(i), T_{bzia}(j))\end{cases} \tag{4-68}$$

由FCU盘管制冷量计算公式(4-14)和FCU风机送风量和能耗计算公式(4-23)知，FCU总制冷量为额定制冷量和风机开启时长之积与风机能耗为额定风机能耗与风机开启时长之积满足公式(4-69)：

$$\begin{cases}Q_{FCU}(G_{ina}(i^*), T_{bzia}(i^*))\tau_d^* = Q_{FCU}(G_{ina}(i), T_{bzia}(i))\tau_d \\ Q_{FCU}(G_{ina}(j^*), T_{bzia}(j^*))\tau_d'^* = Q_{FCU}(G_{ina}(j), T_{bzia}(j))\tau_d' \\ E_{FanFCU}(G_{ina}(i^*))\tau_d^* < E_{FanFCU}(G_{ina}(i))\tau_d \\ E_{FanFCU}(G_{ina}(j^*))\tau_d'^* < E_{FanFCU}(G_{ina}(j))\tau_d'\end{cases} \tag{4-69}$$

此时，FCU近优策略为 $u_{FCU.app} = [0, \cdots, 0(i), \cdots, 1(i^*), \cdots, 0(k_{bzia}^*), 0, \cdots, 1(j^*), \cdots, 0(j), \cdots, 0(N)]$，满足舒适度且根据能耗计算公式(4-1)，此时FCU总能耗计算为制冷能耗和风机能耗之和在近优策略下较小。

总之，当条件(3)成立时，FCU近优策略为公式(4-70)，分别为在室内空气温度极值左侧调节，在室内空气温度极值右侧调节和在两侧同时调节。

$$u_{FCU.app}\begin{cases}= [0, \cdots, 0(i), \cdots, 1(i^*), 0(k_{bzia}^*), 0, \cdots, 1(j), \cdots, 0(N)] \\ \text{或} = [0, \cdots, 0, \cdots, 1(i), \cdots, 0(k_{bzia}^*), 0, \cdots, 1(j^*), \cdots, 0(j), \cdots, 0(N)] \\ \text{或} = [0, \cdots, 0(i), \cdots, 1(i^*), \cdots, 0(k_{bzia}^*), 0, \cdots, 1(j^*), \cdots, 0(j), \cdots, 0(N)]\end{cases} \tag{4-70}$$

复杂模式下，$G_{ina}(\tau)$为连续函数且取值规则如公式(4-24)。任给FCU原始策略 $u_{FCU} = [0, \cdots, G_{ina}(i)(i), 0, \cdots, G_{ina}(j)(j), 0, \cdots, 0(N)]$，其近优策略方法如下：

条件(4)：当 $i,j \in [\tau_{mintoday}, \tau_{bzia}^*]$，且 $T'_{bzia}(\tau) > 0$，即FCU原始策略风机开启时刻在室内空气基础温度极值点左侧成立时。

如果FCU策略调节遵循式(4-71)，即将FCU策略调节开启时刻向室内空气温度极值方向调节，调节前后室内空气基础温度递增，送风量递减，形成“大温差、小风量”机制。

$$\begin{cases} 1 < (i,j) < (i^*,j^*) < k_{bzia}^* \\ (G_{ina}(i^*),G_{ina}(j^*)) < (G_{ina}(i),G_{ina}(j)) \\ (T_{bzia}(i^*),T_{bzia}(j^*)) > (T_{bzia}(i),T_{bzia}(j)) \end{cases} \tag{4-71}$$

由 FCU 盘管制冷量计算公式(4-14)和 FCU 风机送风量和能耗计算公式(4-24)可知，FCU 总制冷量和风机能耗计算为送风量的三次方函数满足公式(4-72)：

$$\begin{cases} Q_{CFCU}(G_{ina}(i^*),T_{bzia}(i^*)) = Q_{CFCU}(G_{ina}(i),T_{bzia}(i)) \\ Q_{CFCU}(G_{ina}(j^*),T_{bzia}(j^*)) = Q_{CFCU}(G_{ina}(j),T_{bzia}(j)) \\ (E_{FanFCU}(G_{ina}(i^*)),E_{FanFCU}(G_{ina}(j^*))) < (E_{FanFCU}(G_{ina}(i)),E_{FanFCU}(G_{ina}(j))) \end{cases} \tag{4-72}$$

此时，FCU 近优策略为公式(4-73)：

$$u_{FCU.app} \begin{cases} = [0,\cdots,G_{ina}(i^*)(i^*),0(i),\cdots,G_{ina}(j^*)(j^*),0(j),\cdots,0(k_{bzia}^*),\cdots,0(N)] \\ \text{或} = [0,\cdots,0(i),G_{ina}(i^*)(i^*),\cdots,G_{ina}(j)(j),\cdots,0(k_{bzia}^*),\cdots,0(N)] \\ \text{或} = [0,\cdots,G_{ina}(i)(i),0(j),\cdots,G_{ina}(j^*)(j^*),0(j),\cdots,0(k_{bzia}^*),\cdots,0(N)] \end{cases} \tag{4-73}$$

满足舒适度，且根据公式(4-1)，FCU 总能耗计算为制冷能耗和风机能耗之和在近优策略下较小，其调节机制如图 4-9 所示。

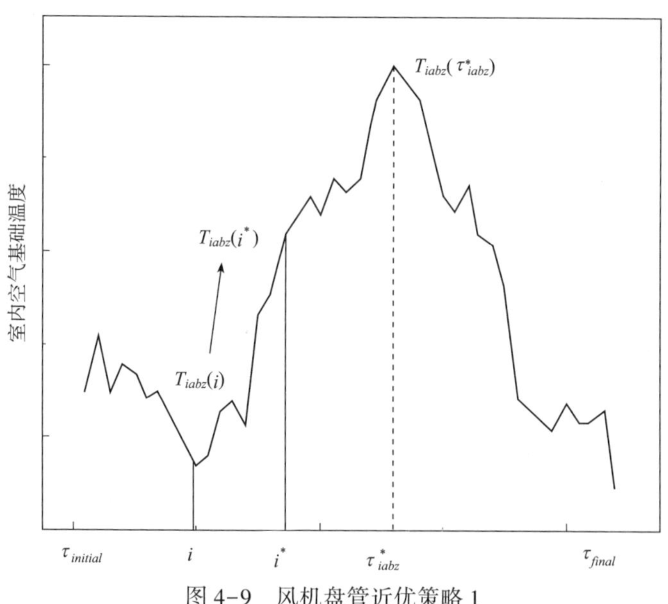

图 4-9 风机盘管近优策略 1

条件(5)：当 $i,\ j \in [\tau_{bzia}^*,\ \tau_{minnextday}]$，$T_{bzia}'(\tau) < 0$，即 FCU 原始策略风机开启时刻在室内空气基础温度极值点右侧成立时。

FCU 策略调节遵循公式(4-74)，将 FCU 策略调节开启时刻向室内空气温度极值附近调节，调节前后室内空气基础温度递增，送风量递减，形成“大温差、小风量”机制。

$$\begin{cases} k_{bzia}^{*} < (i,j) < (i^{*},j^{*}) < N \\ (G_{ina}(i^{*}),G_{ina}(j^{*})) < (G_{ina}(i),G_{ina}(j)) \\ (T_{bzia}(i^{*}),T_{bzia}(j^{*})) > (T_{bzia}(i),T_{bzia}(j)) \end{cases} \quad (4-74)$$

由 FCU 盘管制冷量计算公式(4-14)和 FCU 风机送风量和能耗计算公式(4-24)可知，FCU 制冷量和风机能耗计算为送风量的三次方函数满足公式(4-75)：

$$\begin{cases} Q_{CFCU}(G_{ina}(i^{*}),T_{bzia}(i^{*})) = Q_{CFCU}(G_{ina}(i),T_{bzia}(i)) \\ Q_{CFCU}(G_{ina}(j^{*}),T_{bzia}(j^{*})) = Q_{CFCU}(G_{ina}(j),T_{bzia}(j)) \\ (E_{FanFCU}(G_{ina}(i^{*})),E_{FanFCU}(G_{ina}(j^{*}))) < (E_{FanFCU}(G_{ina}(i)),E_{FanFCU}(G_{ina}(j))) \end{cases} \quad (4-75)$$

此时，FCU 近优策略为公式(4-76)：

$$u_{FCU.app}\begin{cases} = [0,\cdots,0(k_{bzia}^{*}),\cdots,G_{ina}(i^{*})(i^{*}),0(i),\cdots,G_{ina}(j^{*})(j^{*}),\cdots,0(j),\cdots,0(N)] \\ \text{或} = [0,\cdots,0(k_{bzia}^{*}),\cdots,G_{ina}(i^{*})(i^{*}),0(i),\cdots,G_{ina}(j)(j),\cdots,0(i),\cdots,0(N)] \\ \text{或} = [0,\cdots,0(k_{bzia}^{*}),\cdots,G_{ina}(i)(i),0(i),\cdots,G_{ina}(j^{*})(j^{*}),\cdots,0(j),\cdots,0(N)] \end{cases}$$

(4-76)

满足舒适度，且 FCU 总能耗计算为制冷能耗和风机能耗之和在近优策略下较小，其调节机制如图 4-10 所示。

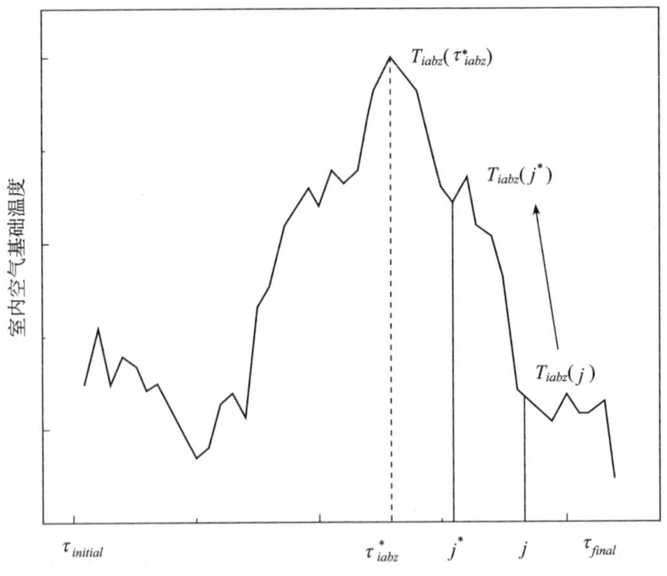

图 4-10 风机盘管近优策略 2

条件(6)：当 $i,j \in [\tau_{mintoday}, \tau_{minnextday}]$，即 $\forall \tau_{mintoday} < i < k_{bz\ ia}^{*} < j < \tau_{minnextday}$，$(T_{bzia}(i), T_{bzia}(j)) < T_{bzia}(\tau_{bzia}^{*})$，FCU 原始策略在室内空气温度极值两侧成立时。

FCU 策略调节遵循式(4-77)，将 FCU 策略调节开启时刻向室内空气温度极值方向调节，调节前后室内空气基础温度递增，送风量递减，形成“大温差、小风量”机制。

$$\begin{cases}(i,j) < k_{bzia}^{*} < (i^{*},j^{*}) < N \\ (G_{ina}(i^{*}),G_{ina}(j^{*})) < (G_{ina}(i),G_{ina}(j)) \\ (T_{bzia}(i^{*}),T_{bzia}(j^{*})) > (T_{bzia}(i),T_{bzia}(j))\end{cases} \tag{4-77}$$

由 FCU 盘管制冷量计算公式(4-14)和 FCU 送风量和能耗公式(4-24)可知，FCU 总制冷量和风机能耗满足公式(4-78)：

$$\begin{cases}Q_{CFCU}(G_{ina}(i^{*}),T_{bzia}(i^{*})) = Q_{CFCU}(G_{ina}(i),T_{bzia}(i)) \\ Q_{CFCU}(G_{ina}(j^{*}),T_{bzia}(j^{*})) = Q_{CFCU}(G_{ina}(j),T_{bzia}(j)) \\ (E_{FanFCU}(G_{ina}(i^{*})),E_{FanFCU}(G_{ina}(j^{*}))) < (E_{FanFCU}(G_{ina}(i)),E_{FanFCU}(G_{ina}(j)))\end{cases} \tag{4-78}$$

此时，FCU 近优策略为公式(4-79)：

$$u_{FCU.app}\begin{cases}= [0,\cdots,0(i),\cdots,G_{ina}(i^{*})(i^{*}),\cdots,0(k_{bzia}^{*}),\cdots,G_{ina}(j^{*}),\cdots,0(j),\cdots,0(N)] \\ \text{或} = [0,\cdots,0(i),\cdots,G_{ina}(i^{*})(i^{*}),\cdots,0(k_{bzia}^{*}),\cdots,G_{ina}(j)(j),\cdots,0(N)] \\ \text{或} = [0,\cdots,G_{ina}(i)(i),\cdots,0(k_{bzia}^{*}),\cdots,G_{ina}(j^{*})(j^{*}),\cdots,0(j),\cdots,0(N)]\end{cases} \tag{4-79}$$

满足舒适度且 FCU 总能耗计算为制冷能耗和风机能耗之和在近优策略下较小，其调节机制如图 4-11 所示。

证明完毕。

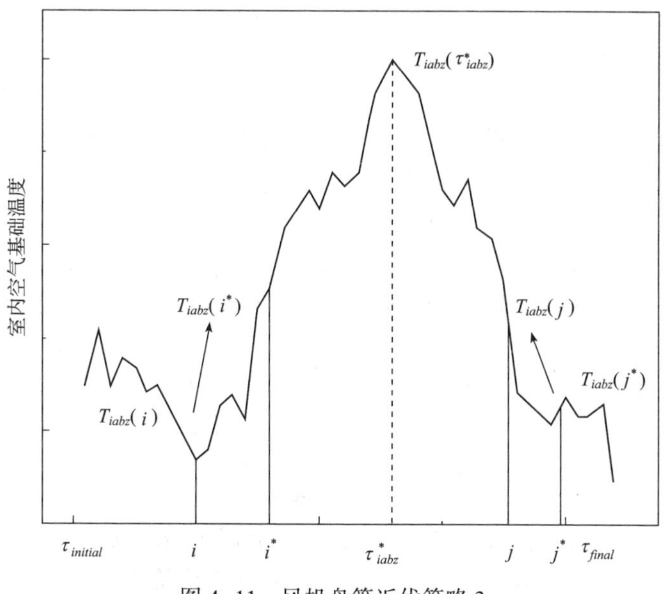

图 4-11 风机盘管近优策略 3

【推论 2】 空调预开启阶段，室内空气基础温度单调增加，任给 FCU 控制策

略 u_{FCU}，存在阈值型近优策略 $u_{FCU.threshold}$，FCU 总能耗满足 $J_{FCU}(u_{FCU.threshold}) \leqslant J_{FCU}(u_{FCU})$。

证明：当空调预开启阶段室内空气基础温度为单调递增时，即 $T'_{bzia}(\tau) > 0$。

（1）简单模式下，任给 FCU 控制策略 $u_{FCU} = [0,0,\cdots,1(i),\cdots,1(j),\cdots,1(k),\cdots,0(N)]$，则将时间离散步长缩短，设定原来步长为 τ_d，缩短后离散步长为 τ_d^*，找到离散后的时刻 k^*，满足从 k^* 到 N^*，FCU 送风量和室内空气基础温度满足式(4-80)：

$$\begin{cases} \tau_d^* \leqslant \tau_d \\ G_{ina}(k^*), G_{ina}(k^*+1), \cdots, G_{ina}(N) \\ (G_{ina}(k^*), G_{ina}(k^*+1), \cdots, G_{ina}(N)) \geqslant (G_{ina}(i), \cdots, G_{ina}(j)) \\ (T_{bzia}(k^*), T_{bzia}(k^*+1), \cdots, T_{bzia}(N)) \geqslant (T_{bzia}(i), \cdots, T_{bzia}(j)) \end{cases} \tag{4-80}$$

根据 FCU 盘管制冷量计算公式(4-14)和 FCU 风机送风量和风机能耗计算公式(4-24)，则 FCU 总制冷量和风机总能耗满足式(4-81)：

$$\begin{cases} \sum_{s=k^*}^{N} Q_{coilFCU}(s)\tau_d^* = \sum_{s=i,j,\cdots,m}^{\dim\{i,j,\cdots,m\}} Q_{coilFCU}(s)\tau_d \\ \sum_{s=k^*}^{N} E_{FanFCU}(s)\tau_d^* = \sum_{s=i,j,\cdots,m}^{\dim\{i,j,\cdots,m\}} E_{FanFCU}(s)\tau_d \end{cases} \tag{4-81}$$

$$k^* = N - \dim\{i,j,\cdots,m\} + 1$$

则 FCU 近优策略为 $u_{FCU.threshold} = [0,\cdots,1(k^*),1(k^*+1),\cdots,1(N)]$。

（2）复杂模式下，任给 FCU 控制策略 $u_{FCU} = [0,\cdots,G_{ina}(i)(i),\cdots,G_{ina}(j)(j),\cdots,G_{ina}(k)(k),\cdots,0(N)]$，计 u_{FCU} 非零项为 non_0，调节 FCU 风机开启时刻从 $N^* - non_0 + 1$ 直至 N^* 开启，FCU 送风量和室内空气基础温度满足式(4-82)：

$$\begin{cases} \{G_{ina}(k^*), G_{ina}(k^*+1), \cdots, G_{ina}(N)\} \geqslant \{G_{ina}(i), \cdots, G_{ina}(j), \cdots, G_{ina}(k)\} \\ \{T_{bzia}(k^*), T_{bzia}(k^*+1), \cdots, T_{bzia}(N)\} \geqslant \{T_{bzia}(i), \cdots, T_{bzia}(j), \cdots, T_{bzia}(k)\} \end{cases} \tag{4-82}$$

根据 FCU 盘管制冷量计算公式(4-14)和 FCU 风机送风量和风机能耗计算公式(4-24)可知，FCU 制冷量和风机能耗满足式(4-83)：

$$\begin{cases} \sum_{s=k^*}^{N} Q_{coilFCU}(s) = \sum_{s=i,j,\cdots,k} Q_{coilFCU}(s) \\ \sum_{s=k^*}^{N} E_{FanFCU}(s) \leqslant \sum_{s=i,j,\cdots,k} E_{FanFCU}(s) \end{cases} \tag{4-83}$$

则 FCU 近优策略为 $u_{FCU.threshold} = [0, \cdots, G_{ina}(k^*)(k^*), G_{ina}(k^*+1)(k^*+1), \cdots, G_{ina}(N)(N)]$，且在近优策略下 FCU 总能耗满足在近优策略下相对较小。

证明完毕。

简单模式下，风机盘管 FCU 近优策略方法伪代码和流程如图 4-12 所示：

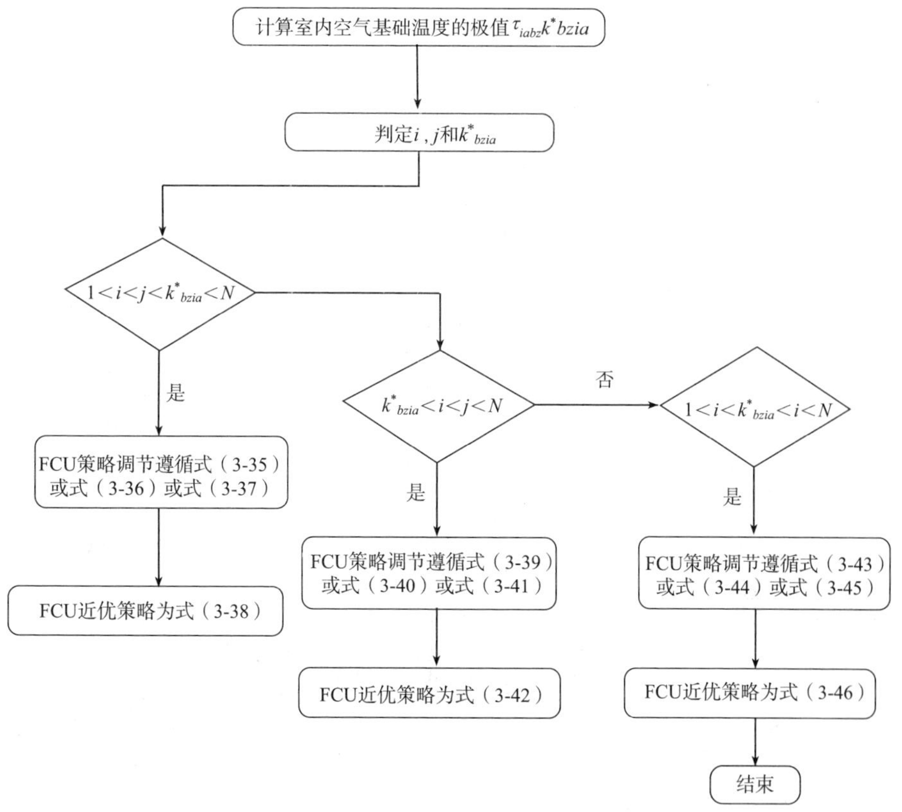

图 4-12 简单模式风机盘管近优策略方法

第 1 步：计算基础空气温度 $T_{bzia}(\tau)$极大值，$\tau^*_{bzia}=\text{argmax}\{T_{bzia}(\tau), \mid \tau_{initial}\leqslant\tau\leqslant\tau_{final}\}$，$k^*_{bzia}$ 是 τ^*_{bzia} 对应离散时刻。

第 2 步：判定 i，j，k^*_{bzia} 关系，如果 $1<i<j<k^*_{bzia}<N$ 成立，进入第 2-1 步，如果 $k^*_{bzia}<i<j<N$ 成立，进入第 2-2 步，如果 $1<i<k^*_{bzia}<j<N$ 成立，进入第 2-3 步。

第 2-1 步：FCU 策略调节遵循式(4-35)或式(4-36)或式(4-37)，FCU 近优策略为公式(4-38)。

第 2-2 步：FCU 策略调节遵循式(4-39)或式(4-40)或式(4-41)，FCU 近优策略为公式(4-42)。

第 2-3 步：FCU 策略调节遵循式(4-43)或式(4-44)或式(4-45)，FCU 近优策略为公式(4-46)。

第 3 步：算法终止。

复杂模式下，FCU 近优策略方法伪代码和流程如图 4-13 所示：

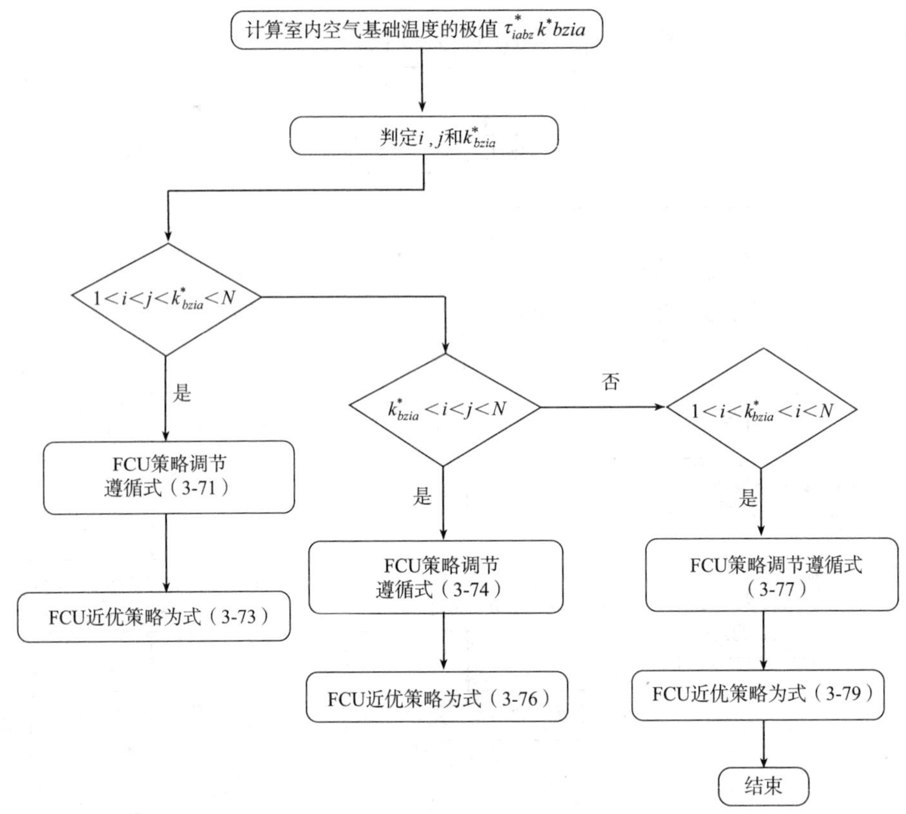

图 4-13　复杂模式风机盘管近优策略方法

第 1 步：计算空气基础温度 $T_{bzia}(\tau)$的极大值，τ^*_{bzia} = $\mathrm{argmax}\{T_{bzia}(\tau) \mid \tau_{initial} \leqslant \tau \leqslant \tau_{final}\}$ k^*_{bzia} 是 τ^*_{bzia} 离散时刻。

第 2 步：如果 $1<i<j<k^*_{bzia}<N$ 成立，则进入第 2-1 步，如果 $k^*_{bzia}<i<j<N$ 成立，则进入第 2-2 步，如果 $1<i<k^*_{bzia}<j<N$ 成立，则进入第 2-3 步。

第 2-1 步：FCU 策略调节遵循式(4-71)，则 FCU 近优策略为公式(4-73)。

第 2-2 步：FCU 策略调节遵循式(4-74)，则 FCU 近优策略为公式(4-76)。

第 2-3 步：FCU 策略调节遵循式(4-77)，则 FCU 近优策略为公式(4-79)。

第 3 步：算法终止。

4.4.4　自然通风近优策略分析

【定义 6】　任给空调系统和自然通风联合控制策略 u，分解为空调策略 u_{HVAC} 和自然通风策略 u_{nv}，$u=\{u_{nv},\ u_{HVAC}\}$，定义策略 $u_{HVAC.0}=\{u_{HVAC} \mid u_{nv}=0\}$ 下室内空气温度为给定空调策略下室内空气温度，记为 $T_{bzHVAC}(\tau)$。

【引理 8】　自然通风带给房间能量 Q_{nv} 是给定空调控制策略下室内空气温度

T_{bzHVAC} 和室外空气温度 T_{oa} 差值的递增函数。

证明：当 $T_{oa}(\tau) < T_{bzHVAC}(\tau)$，通过自然通风带给房间通风量用式(4-3)计算。我们记 $\Delta T_{bzHVAC-oa}(\tau) = T_{bzHVAC}(\tau) - T_{oa}(\tau)$，则自然通风带入室内冷/热量用下式表示：

$$Q_{nv}(\tau) = c_{pa}A_{win}C_d^* H_{win}\rho_a T_{oa}^{(-\frac{1}{2})} (\Delta T_{bzHVAC-oa})^{\frac{5}{2}}$$

因 $A_{win}>0$，$C_d^* > 0$，$H_{win}>0$，$\rho_a > 0$，$T_{oa}(\tau)>0$，我们有下式成立：

$$\frac{\mathrm{d}Q_{nv}(\Delta T_{bzHVAC-oa})}{\mathrm{d}\Delta T_{bzHVAC-oa}} = \frac{5}{2}A_{win}C_d^* H_{win}\rho_a (T_{oa})^{-\frac{1}{2}} (\Delta T_{bzHVAC-oa})^{\frac{3}{2}} > 0$$

证明完毕。

【引理9】 对任自然通风策略 u_{nv}，自然通风近优策略 $u_{nv.app}$，在策略 u_{nv} 和 $u_{nv.app}$ 下自然通风引入冷量满足 $Q(u_{nv.app})^3 \geqslant Q(u_{nv})$。

证明：记自然通风策略起始和终了时刻分别为 τ_{nv_start}、τ_{nv_final}、$T_{bzHVAC}(\tau)$ 曲线如图4-14所示。

则自然通风带入室内冷量用式(4-84)计算如下：

$$\begin{aligned} Q_{nv} &= \int_{\tau_{nv.start}}^{\tau_{nv.final}} \{A_{win}C_d^* H_{win}\rho_a [T_{bzHVAC}(\xi) - T_{oa}(\xi)]^{\frac{3}{2}}\}\mathrm{d}\xi \\ &= A_{win}C_d^* H_{win}\rho_a\{\int_{\tau_{nv.start}}^{\tau_{nv.1}} [T_{bzHVAC}(\xi) - T_{oa}(\xi)]^{\frac{3}{2}}\mathrm{d}\xi + \\ &\quad \int_{\tau_{nv.1}}^{\tau_{nv.2}} [T_{bzHVAC}(\xi) - T_{oa}(\xi)]^{\frac{3}{2}}\mathrm{d}\xi + \int_{\tau_{nv.2}}^{\tau_{nv.final}} [T_{bzHVAC}(\xi) - T_{oa}(\xi)]^{\frac{3}{2}}\mathrm{d}\xi\} \end{aligned} \tag{4-84}$$

记曲线 $T_{bzHVAC}(\tau)$ 在区间 $[\tau_{nv\_start}, \tau_{nv.final}]$ 的零点横坐标分别为 $\tau_{nv.1}$、$\tau_{nv.2}$。

记 $Q_{nv}(\tau_1, \tau_2) = A_{win}C_d^* H_{win}\rho_a \int_{\tau_1}^{\tau_2} (T_{bzHVAC}(\xi) - T_{oa}(\xi))^{\frac{5}{2}}\mathrm{d}\xi$，则式(4-84)重写为下式：

$$\begin{aligned} Q_{nv} &= Q_{nv}(\tau_{nv.start}, \tau_{nv.final}) \\ &= Q_{nv}(\tau_{nv.start}, \tau_{nv.1}) + Q_{nv}(\tau_{nv.1}, \tau_{nv.2}) + Q_{nv}(\tau_{nv.2}, \tau_{nv.final}) \end{aligned}$$

从公式(4-84)可知，相对于原自然通风策略，其既计算当 $\{\tau: T_{oa}(\tau) < T_{bzHVAC}(\tau)\}$ 时段内自然通风带入室内冷量，同时计算 $\{\tau: T_{oa}(\tau) > T_{bzHVAC}(\tau)\}$ 时段内自然通风带入室内冷量。

此时，自然通风近优策略用公式(4-85)表示：

$$u_{nv.app} = \begin{cases} u_{nv}, \text{if } \tau \in [\tau_{nv\_start}, \tau_{nv\_end}] \cap \{\tau: T_{bzHVAC}(\tau) > T_{oa}(\tau)\} \\ 1, \text{if } \tau \in [\tau_{nv.end}, \tau_{nv.final}] \cap \{\tau: T_{bzHVAC}(\tau) > T_{oa}(\tau)\} \\ 0, \text{otherwise} \end{cases} \tag{4-85}$$

则自然通风近优策略引入室内冷量 $Q_{nv.app}$ 如式(4-86)所示：

$$Q_{nv.app} = A_{win} C_d^* H_{win} \rho_a \left\{ \int_{\tau_{nv.start}}^{\tau_{nv.final}} [T_{bzHVAC}(\xi) - T_{oa}(\xi)]^{\frac{3}{2}} \right\} d\xi$$

$$= \left\{ \int_{\tau_{nv.start}}^{\tau_{nv.1}} [T_{bzHVAC}(\xi) - T_{oa}(\xi)]^{\frac{3}{2}} d\xi + \int_{\tau_{nv.2}}^{\tau_{nv.end}} [T_{bzHVAC}(\xi) - T_{oa}(\xi)]^{\frac{3}{2}} d\xi \right\} \quad (4-86)$$

$$+ \int_{\tau_{nv.3}}^{\tau_{nv.4}} [T_{bzHVAC}(\xi) - T_{oa}(\xi)]^{\frac{3}{2}} d\xi$$

$$Q_{nv}(u_{nv.app}) = Q_{nv}(\tau_{nv.start}, \tau_{nv.1}) + Q_{nv}(\tau_{nv.2}, \tau_{nv.end}) + Q_{nv}(\tau_{nv.end}, \tau_{nv.final}) > Q_{nv}(u_{nv})$$

式中，记给定空调控制策略下室内空气温度与 $T_{oa}(\tau)$ 交点的横坐标为 $\tau_{nv.1}$、$\tau_{nv.2}$、$\tau_{nv.3}$ 和 $\tau_{nv.4}$。

根据自然通风在近优策略下冷量计算公式(4-86)和图 4-14 所示，当下式满足时，尽量最大化利用自然通风进行制冷。

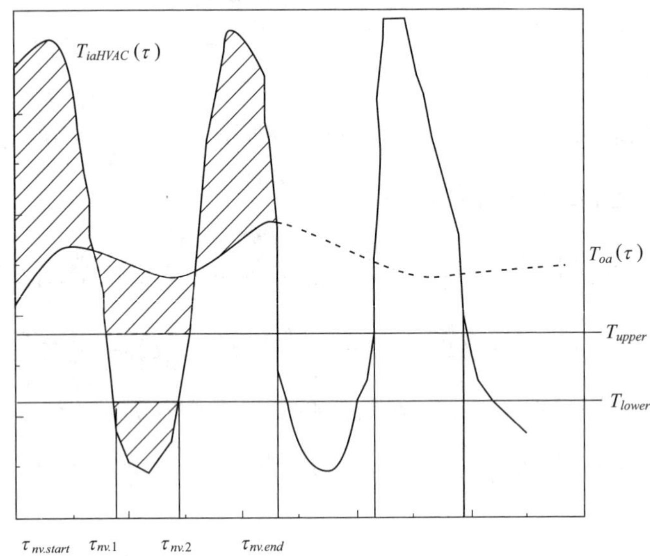

图 4-14　自然通风初始策略

$$T_{bzHVAC}(\tau) > T_{oa}(\tau), \tau \in [\tau_{nv.start}, \tau_{nv.1}] \cup [\tau_{nv.2}, \tau_{nv.end}] \cup [\tau_{nv.3}, \tau_{nv.4}]$$

自然通风近优策略意义：当室外空气温度低于给定空调控制策略下的室内空气温度时，充分利用自然通风；当室外空气温度高于给定空调控制策略下室内空气温度时，关闭自然通风，阻断由于自然通风带入室内的热量。

证明完毕。

【推论 3】 若空调系统策略 $u = \{u_{HVAC}, u_{nv} = 0_{1\times N}\}$ 下室内空气温度 $T_{bzHVAC}(\tau)$ 满足 $T_{bzHVAC}(\tau) > T_{oa}(\tau)$ 且为单调递减函数，存在阈值型自然通风策略 $u_{nv.threshold}$，且制冷量满足 $Q_{nv}(u_{nv.threshold}) \geq Q_{nv}(u_{nv})$。

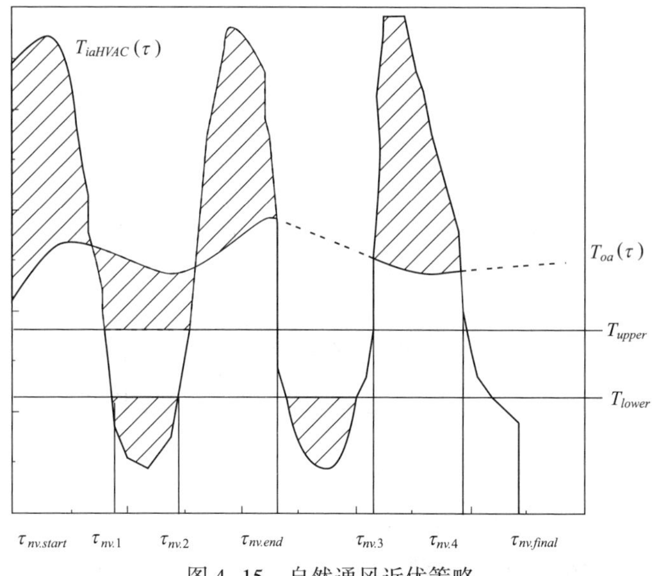

图 4-15 自然通风近优策略

证明：在时刻 τ_{nv_final} 有公式(4-87)成立：

$$\begin{cases} T_{upper} < T_{bzHVAC}(\tau_{nv\_final}) \\ T_{bzHVAC}(\tau) > T_{oa}(\tau) \\ \mathrm{d}T_{bzHVAC}(\tau)/\mathrm{d}\tau < 0 \end{cases} \tag{4-87}$$

原自然通风策略满足式(4-88)且如图 4-15 所示：

$$u_{nv} = \begin{cases} 1, \text{if} \tau \in [\tau_{nv\_initial}, \tau_{nv.1}] \cup [\tau_{nv.2}, \tau_{nv.end}] \\ 0, \text{otherwise} \end{cases} \tag{4-88}$$

自然通风引入室内冷量计算如式(4-86)，$T_{bzHVAC}(\tau)$ 在预开启阶段单调递减性以及 $T_{oa}(\tau)$ 在预开启阶段小于 1h 时为常值函数特性，如图 4-16 所示，有式(4-89)成立：

$$\begin{cases} \mathrm{d}T_{bzHVAC}(\tau)/\mathrm{d}\tau < 0 \\ T_{bzHVAC}(\tau) > T_{oa}(\tau) \\ \mathrm{d}f(\tau)/\mathrm{d}\tau < 0, f(\tau) = T_{bzHVAC}(\tau) - T_{oa}(\tau) \\ \forall \tau \in [\tau_{inital}, \tau_{final}] \end{cases} \tag{4-89}$$

根据单调函数积分性质和积分中值定理，对于一定量 $Q_{nv}(u_{nv})$ 而言，存在积分时刻 $\tau_{threshold}$，使式(4-90)成立：

$$\begin{aligned} Q_{nv}(u_{nv}) &= Q_{nv}(u_{nv.threshold}) \\ &= A_{win} C_d^* H_{win} \rho_a \int_{\tau_{nv.threshold}}^{u_{nv.final}} [T_{bzHVAC}(\xi) - T_{oa}(\xi)]^{\frac{3}{2}} \mathrm{d}\xi \\ &= Q_{nv}(\tau_{nv.threshold}, \tau_{nv.final}) \end{aligned} \tag{4-90}$$

证明完毕。

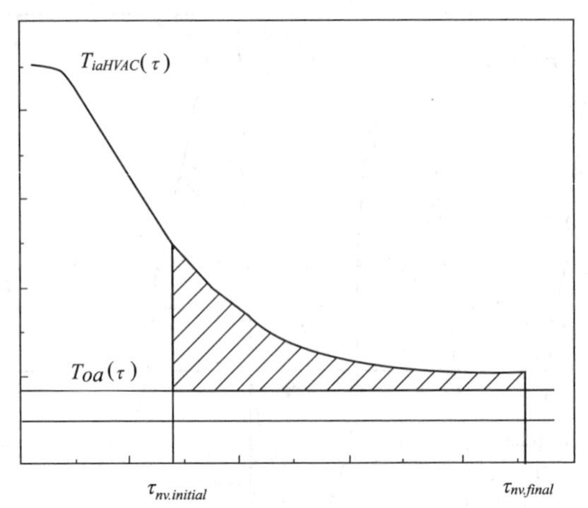

图 4-16　给定空调控制策略下室内空气温度为单调减函数

4.5　联合控制近优策略存在性

【定理 1】　给定空调系统和自然通风联合最优控制策略 $u_{jp}^{*}=\{u_{FCU}^{*}, u_{FAU}^{*}, u_{nv}^{*}\}$，存在空调系统和自然通风联合近优控制策略 $u_{jp.app}=\{u_{FCU.app}, u_{FAU.app}, u_{nv.app}\}$ 和给定正实数 ε>0，在最优和联合控制近优策略下，建筑能耗可满足 $J(u_{jp.app})\leqslant J(u_{jp})+\varepsilon$。

证明：空调预开启阶段，空调系统和自然通风联合控制策略 $u=\{u_{FCU}, u_{FAU}, u_{nv}\}$，设在满足人员舒适时，建筑需求冷负荷一定，记为 Q_{total}。联合策略存在性证明思路如图 4-17 所示。

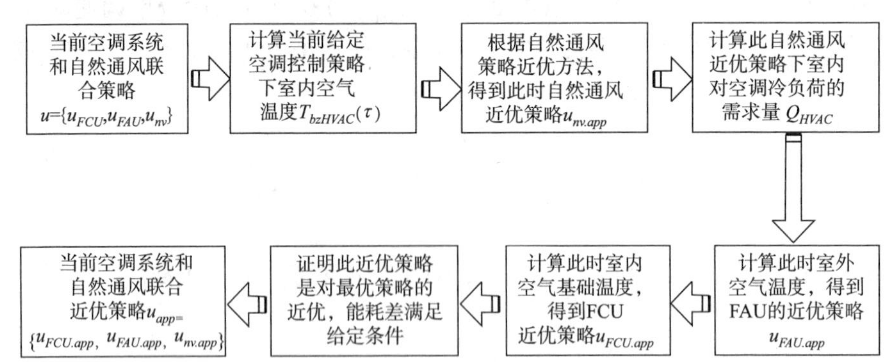

图 4-17　联合近优策略存在证明思路

依据在给定空调控制策略 $u_{HVAC}=\{u_{FCU}, u_{FAU}\}$ 下室内空气温度 T_{bzHVAC} 与预开启阶段室外空气温度 T_{oa} 的关系，对原自然通风控制策略 u_{nv} 进行调节为近优策略 $u_{nv.app.1}$，在 u_{nv} 和 $u_{nv.app.1}$ 下由自然通风引入室内冷量满足式(4-91)：

$$Q_{nv.app.1}(u_{nv.app.1}) \geqslant Q_{nv}(u_{nv}) \tag{4-91}$$

对空调系统而言，此时其冷负荷需求为式(4-92)：

$$Q_{HVAC.1} = Q_{total} - Q_{nv.app.1} \tag{4-92}$$

对于此负荷量，根据预开启阶段室内空气基础温度 $T_{bzia}(\tau)$ 的曲线特征，调节 FCU 控制策略 u_{FCU} 为近优策略 $u_{FCU.app}$，即调节 FCU 风机开启时刻与开启时长，使得 FCU 在二者下提供制冷量 $Q_{coilFCU}(\tau)$ 和其风机能耗 $E_{FanFCU}(\tau)$ 相等，且根据公式(4-1)，此时，FCU 总能耗满足下式：

$$J_{FCU}(u_{FCU.app}) \leqslant J_{FCU}(u_{FCU})$$

而根据引理 7、公式(4-14)、公式(4-27)和公式(2-1)知，任给风机盘管 FCU 其他近优策略 $u_{FCU.app.s}$，则风机盘管 FCU 在 $u_{FCU.app}$，$u_{FCU.app.s}$ 下总制冷量、风机能耗以及总能耗满足式(4-93)：

$$\begin{cases} Q_{coilFCU}(u_{FCU.app}) = Q_{coilFCU}(u_{FCU.app.s}) \\ E_{FanFCU}(u_{FCU.app}) \leqslant E_{FanFCU}(u_{FCU.app.s}) \\ J_{FCU}(u_{FCU.app}) \leqslant J_{FCU}(u_{FCU.app.s}) \end{cases} \tag{4-93}$$

根据预开启阶段室外空气温度 $T_{oa}(\tau)$ 的曲线特征，调节 FAU 控制策略 u_{FAU} 为近优策略 $u_{FAU.app}$，即调节 FAU 风机开启时刻与开启时长，使 FAU 提供满足需求的制冷量 $Q_{coilFAU}(\tau)$ 同时尽可能少的风机能耗 $E_{FanFAU}(\tau)$，且 FAU 总体能耗根据公式(4-1)满足下式：

$$J_{FAU}(u_{FAU.app}) \leqslant J_{FAU}(u_{FAU})$$

而根据引理 6、公式(4-14)、公式(4-25)和公式(4-1)知，任给 FAU 其他近优策略 $u_{FAU.app.s}$，则 FAU 在策略 $u_{FAU.app}$，$u_{FAU.app.s}$ 下的总制冷量、风机能耗和 FAU 总体能耗满足式(4-94)：

$$\begin{cases} Q_{coilFAU}(u_{FAU.app}) \leqslant Q_{coilFAU}(u_{FAU.app.s}) \\ E_{FanFAU}(u_{FAU.app}) \leqslant E_{FanFAU}(u_{FAU.app.s}) \\ J_{FAU}(u_{FAU.app}) \leqslant J_{FAU}(u_{FAU.app.s}) \end{cases} \tag{4-94}$$

风机盘管 FCU 与新风机组 FAU 制冷量满足下式：

$$Q_{coilFCU}(u_{FCU.app}) + Q_{coilFAU}(u_{FAU.app}) = Q_{HVAC.1}$$

且在预开启阶段原始联合控制策略 u 和近优联合策略 $u_{app} = \{u_{FCU.app}, u_{FAU.app}, u_{nv.app}\}$ 下建筑总能耗满足 $J(u_{jp}^*) \leqslant J(u_{app})$，而根据预开启阶段空调系统与自然通风联合最优控制策略的定义，对正实数 ε 和 $J(u_{jp}^*) + \varepsilon$，存在近优联合控制策略 $u_{app.k} = \{u_{FCU.app.k}, u_{FAU.app.k}, u_{nv.app.k}\}$ 使能耗满足下式：

$$J(u_{jp}^*) \leqslant J(u_{app}) \leqslant J(u_{jp}^*) + \varepsilon$$

证明完毕。

4.6 空调系统和自然通风联合近优策略评估方法

为评价本章空调系统和自然通风联合近优策略方法的有效性和性能，一方面通过对空调系统和自然通风联合近优策略、最优策略在策略获取时间、建筑能耗的比较分析；另一方面通过与基于概率泛化方法下近优策略、与人工神经网络方法下空调系统和自然通风联合近优控制策略在策略使用范围、节能率、策略获取时间、策略下人员舒适度满意率方面进行比较来对本章近优策略方法进行评估。

【定义 7】 空调系统和自然通风最优联合控制策略计算时间，联合近优控制策略的计算时间，二者计算时间差值百分比，记为 CT_d，CT_{app}，CT_{d-app}，计算如公式(4-95)。

$$CT_{d-app} = (CT_d - CT_{app})/CT_d \tag{4-95}$$

【定义 8】 空调系统和自然通风最优联合控制策略下建筑能耗，联合近优控制策略下建筑能耗，二者的能耗差值百分比，记为 E_d，E_{app}，E_{d-app}，计算如公式(4-96)。

$$E_{d-app} = (E_d - E_{app})/E_d \tag{4-96}$$

4.7 数值仿真

建筑、空调系统、自然通风的仿真模型与第 2 章一致。将本章第 4.4 节空调系统和自然通风联合近优策略与动态规划方法下最优联合控制策略进行策略结构比较，进一步分析自然通风量计算模型中耦合空气温度和最优和近优策略在获取时间和能耗的灵敏度，验证仿真程序中所选耦合空气温度的合理性。

4.7.1 仿真模型与参数

建筑模型和相关参数与第 2 章一致。空调系统和自然通风联合控制问题的系统状态和控制变量离散步长见表 4-1。

测试时段为 07-17、07-20、08-15、08-17 中 08:00、11:00、14:00、16:00。在进行仿真计算时，自然通风量模型中耦合室内空气温度根据离散时间步长取值规则如下：

(1) 当离散时间步长较小，时间分割粒度很小，在时间步 k，耦合室内空气温度为常值量，即公式(4-3)中 $T_{ia}(\tau)$ 在每一离散步为固定值。

(2) 当离散时间步长较大，时间分割粒度较大，在时间步 k，耦合室内空气温度为室内实时空气温度，即公式(4-3)中 $T_{ia}(\tau)$ 在每一离散步为实时室内空气温度。

表 4-1 空调系统和自然通风联合控制变量离散规则

参数		下限值	上限值	离散步长
时间	τ/s	0	4800	60
系统状态	T_{ia}/℃	18	48	1
	$T_{i.w.j}$/℃	20	60	1
控制状态	v_{FCU}/(m^3/s)	0	3	1
	n_{FCU}/个	1	3	1
	v_{FAU}/(m^3/s)	0	3	1
	θ_{wor}	0	1	0.2

4.7.2 联合近优策略与最优策略结构详情分析

本节给出新风机组 FAU、风机盘管 FCU 和自然通风联合近优与最优控制策略的策略结构分析。从图 4-16 和图 4-17 知，当预开启时间小于 1h 时，FCU 和 FAU 风机在最后 10min 开启，前 50min 内均关闭。在图 4-18 和图 4-19 中，空调系统和自然通风联合近优控制策略，FCU 和 FAU 在后 5min 内开启，而前 55min 关闭，可得如下结论：

(1)预开启阶段，空调较晚开启一般节能效果较好。

(2)自然通风，窗户开启最大或最小比例，符合最大化利用自然资源的直观思想。

(3)预开启时段小于 1h 时，近优和最优控制策略结构较为一致，且具有阈值型特征。

(4)预开启阶段大于 1h 时，且室外空气温度满足推论 2、室内空气基础温度符合推论 3，近优和最优控制策略结构基本一致，且具有阈值型特征。

(5)预开启时段大于 1h 时，而室外空气温度、室内空气基础温度不符合单调性特征时，近优和最优控制策略结构偏差较大，策略为非阈值型。

图 4-18 左上图表示 07 月 17 日联合最优控制策略中 FCU 风机转速曲线，在 07 月 17 日，在时间步大于 9 时，即预开启过程的最后 10min，最优和近优联合控制策略下风机盘管 FCU 的风机均开启，具有明显阈值型特征。图 4-18 右上图表示 07 月 17 日 FAU 风机转速最优控制策略，在时间步大于 9 时，即预开启过程最后 10min，FAU 均开启，且具有阈值型特征。

图 4-18 中左图表示 07 月 17 日最优和近优控策略下窗户开度变化曲线，最优和近优策略下窗户开度在时间步大于 9 时，即预开启剩余 10min 时开启，而在时间步小于 9 时，预开启时段前 50min 内关闭，具有阈值型特征。图 4-18 中右图表示

07 月 20 日 FCU 转速的最优和近优控制策略，时间步大于 9 时，预开启后 10min，最优和近优联合控制策略下 FCU 风机均开启，且具有阈值型特征。图 4-18 左下图表示 07 月 20 日 FAU 风机挡数的最优和近优控制策略，在时间步大于 9 时，即预开启后 10min，最优和近优控制策略下 FAU 挡数开启，且具有阈值型特征。图 4-18 右下图表示 07 月 20 日窗户开度的最优和近优控制策略下，时间步长大于 9 时，预开启的后 10min，窗户在最优和近优联合控制策略下打开，具有阈值型特征。

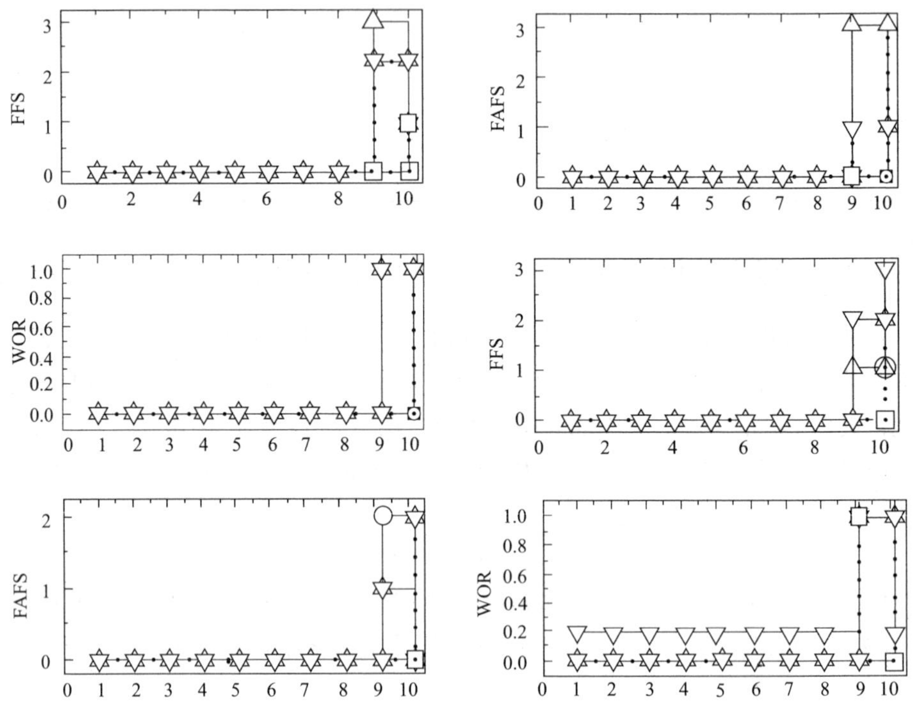

图 4-18　仿真中空调系统和自然通风联合最优和近优控制策略

FFS—FCU 风机盘管的风机速度指数；FAFS—FAU 新风机组的风机速度指数；
WOR—自然通风时窗户的开度比例

图 4-19 表示 08 月计算自然通风量时，设定耦合温度为 26℃时，预开启时间大于 1h 且室外空气温度为单调增，室内空气基础温度为单调增时，最优和近优联合控制策略详情。

图 4-19 左上图表示 08 月 15 日 FCU 风机转速的最优和近优控制策略；当时间步大于 9，预开启过程后 5min，FCU 风机开启，且具有阈值型特征。图 4-19 右上图表示 08 月 15FAU 风机转速最优和近优控制策略；在时间步大于 9 时，预开启过程后 10min FAU 风机均开启，具有阈值型特征。

图 4-19 中左图表示 08 月 15 日窗户开度的最优和近优控制策略；在时间步大于 9 时，即在预开启过程的最后 5min，窗户均开启，具有阈值型特征。图 4-19 中

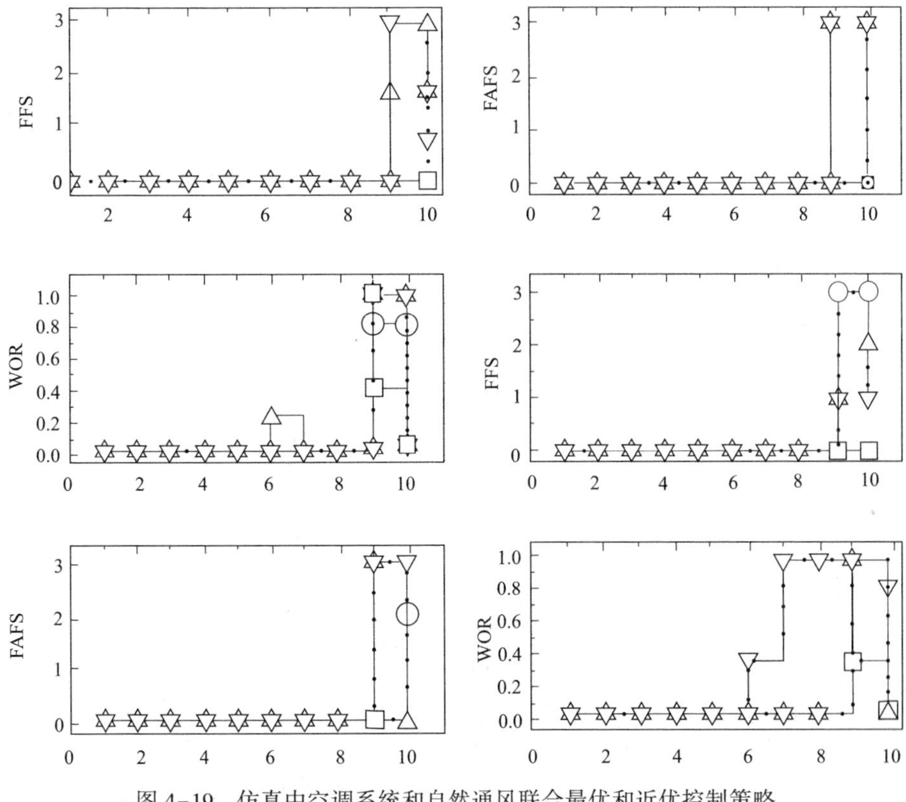

图 4-19 仿真中空调系统和自然通风联合最优和近优控制策略

右图表示 08 月 17 日风机盘管 FCU 转速的最优和近优控制策略；在时间步大于 9 时，即在预开启过程最后 5min，风机盘管 FCU 风机均开启，具有阈值型特征。图 4-19 左下图表示 08 月 17 日新风机组 FAU 转速的最优和近优控制策略；在时间步大于 9 时，即在预开启过程最后 5min，FAU 风机均开启，具有阈值型特征。图 4-19 右下图表示 08 月 17 日窗户开度的最优和近优控制策略，在时间步长大于 9 时，预开启过程后 5min，窗户均开启，且具有阈值型特征。

图 4-20 表示各时段耦合温度为 28℃时，且预开启时间小于 1h 时，空调系统和自然通风的联合最优和近优控制策略；图 4-20 左上图表示 FCU 转速的最优和近优联合控制策略，在时间步 9 之后，即预开启后 5min，FCU 风机开启，而在时间步 9 之前，即预开启前 55min，最优和近优策略下 FCU 风机为关闭，具有阈值型特征。图 4-20 右上图表示最优和近优联合控制策略下 FAU 风机转速；可知，最优和近优策略下 FAU 风机在时间步大于 9，即预开启时段后 5min 开启，而在时间步小于 9，预开启时段前 55min，FAU 关闭，均具有阈值型特征。

图 4-20 中左图表示窗户开度的最优和近优联合控制策略；最优策略下窗户开度在时间步 7 之后，预开启时段剩余 15min 开启，而在时间步 7 之前，预开启时段

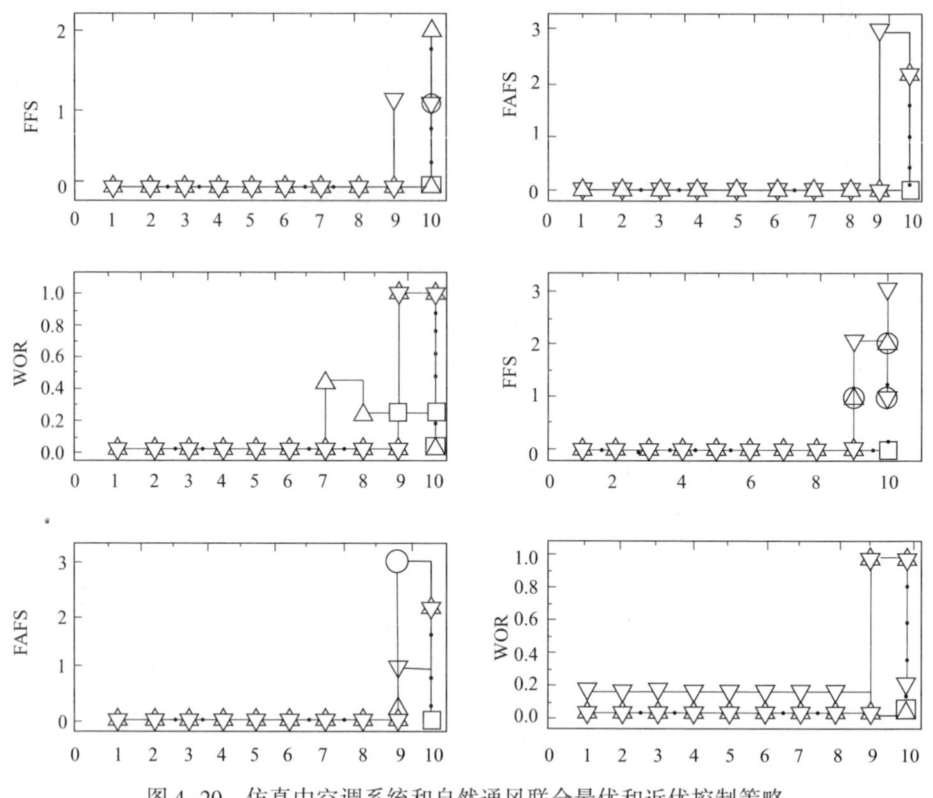

图 4-20 仿真中空调系统和自然通风联合最优和近优控制策略

的前 45min 内关闭，具有阈值型特征，而近优策略下窗户开度在时间步 10 之后，即预开启的最后 5min 开启，而前 55min 关闭，具有阈值型特征。图 4-20 中右图表示 FCU 风机转速的最优和近优联合控制策略；最优策略下 FCU 在时间步大于 9，预开启时段剩余 5min 开启，而在时间步小于 9，预开启时段前 55min 关闭，具有阈值型特征；近优策略下 FCU 在时间步 10 时，预开启剩余 5min 内开启，而在预开启时段前 55min 关闭，具有阈值型特征。

图 4-20 左下图表示 FAU 风机转速最优和近优联合控制策略；最优策略下 FAU 在时间步大于 9，即预开启剩余 5min 开启，在时间步小于 9，即预开启前 55min 关闭，具有阈值型特征。近优策略下 FAU 在时间步 10 时，即预开启剩余 5min 开启，而在预开启之前 55min 关闭，具有阈值型特征。图 4-20 右下图表示窗户开度最优和近优策略下，最优策略下窗户在时间步大于 2，即预开启剩余 50min 开启，而在前 5min 关闭，具有阈值型特征，近优策略下窗户在时间步 10 时，预开启剩余 5min 开启，而在预开启前 55min 关闭，具有阈值型特征。

图 4-21 表示计算自然通风量时耦合温度为 28℃时，预开启时间大于 1h，且室外空气温度为单调增，室内空气基础温度为单调增时，最优和近优联合控制策略结

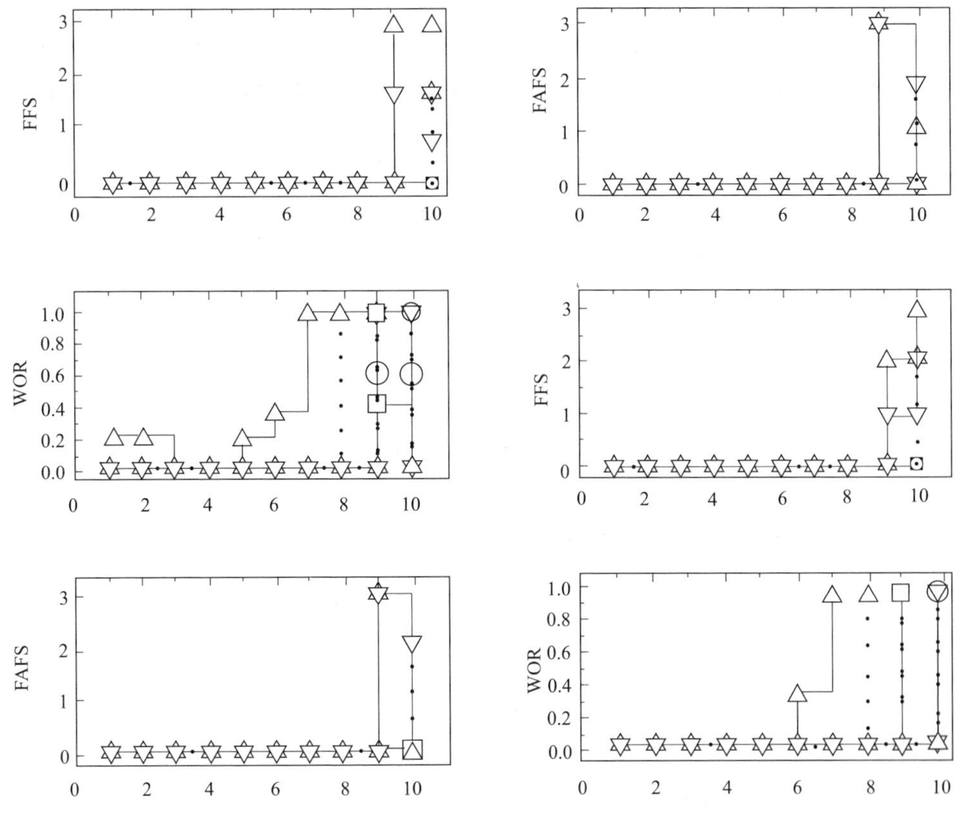

图 4-21 仿真中空调系统和自然通风联合最优和近优控制策略

构详情。

图 4-21 左上图表示 FCU 风机转速的最优和近优控制策略，当时间步大于 9，即预开启阶段的后 5min，最优和近优策略下风机盘管 FCU 风机开启，而在时间步小于 9，即预开启前 55min，最优和近优策略下的风机盘管 FCU 的风机均关闭，且具有阈值型特征。图 4-21 右上图表示 FAU 风机转速最优和近优控制策略，当时间步大于 9，预开启后 5min，最优和近优策略下 FAU 风机开启，而时间步小于 9，即预开启前 55min，最优和近优策略下 FAU 风机均关闭，具有阈值型特征。图 4-21 中左图表示窗户开度最优和近优控制策略，在时间步大于 2，最优策略下窗户开启，且在第 3 步到第 5 步，窗户关闭，而在时间步大于 9，即预开启后 5min，近优策略下窗户开启，而时间步小于 9，预开启的 55min，近优策略下窗户关闭，具有阈值型特征。图 4-21 中右图表示 FCU 风机转速最优和近优控制策略，在时间步大于 9，即预开启时段后 5min，最优和近优控制策略下 FCU 风机开启，而在时间步小于 9，即预开启时段前 55min，最优和近优控制策略下 FCU 风机关闭，具有阈值型特征。

图 4-21 左下图表示新风机组 FAU 风机转速的最优和近优策略，当时间步大于 9，即预开启阶段的剩余 5min，最优和近优策略下 FAU 风机转速开启，而当时间步长小于 9，即预开启前 55min，最优和近优策略下 FAU 的风机均关闭，具有阈值型特征。图 4-21 右下图表示最优和近优策略下窗户开度，当时间步大于 6，即预开启时段后 30min，最优和近优策略下窗户开启，而时间步小于 6，预开启时段前 30min，最优和近优策略下窗户关闭，具有阈值型特征。

图 4-22 表示耦合温度为室内实时空气温度时，且预开启时间大于 1h，且室外空气温度非单调增时，各控制变量最优和近优控制策略结构详情。

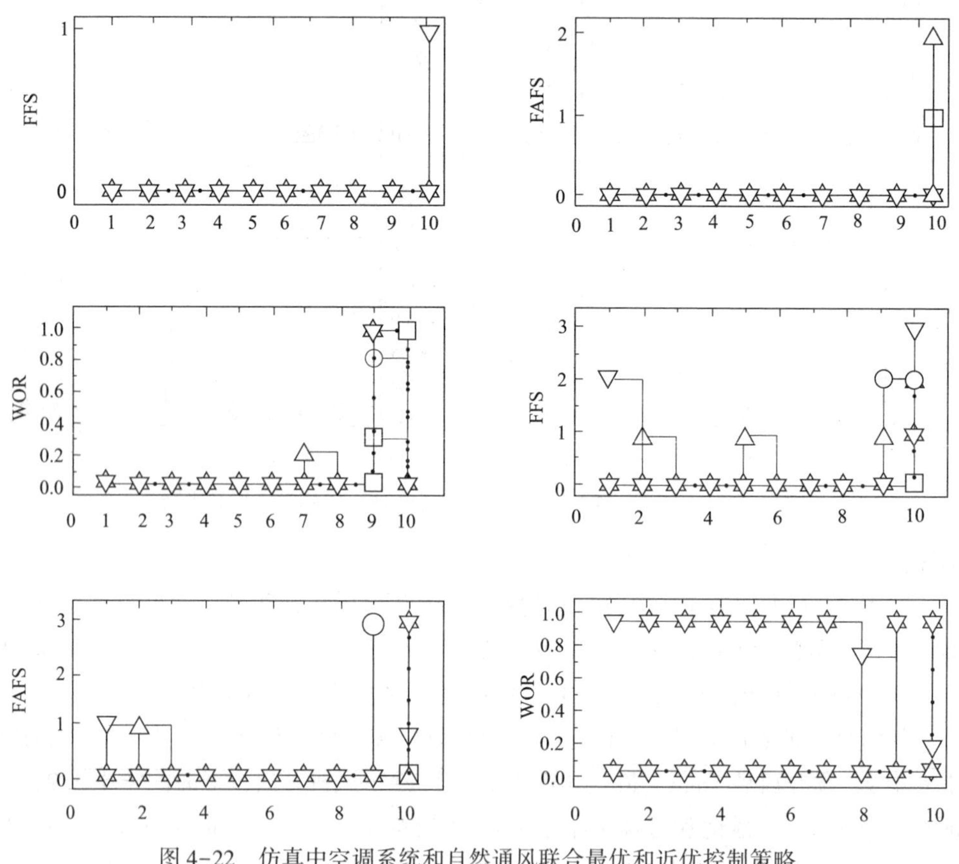

图 4-22　仿真中空调系统和自然通风联合最优和近优控制策略

图 4-22 左上图表示 FCU 风机转速的最优和近优控制策略。在时间步 10，预开启时段的后 5min，最优和近优策略下风机盘管 FCU 的风机开启，而在预开启的前 55min，最优和近优策略下的风机盘管 FCU 风机关闭，具有阈值型特征。

图 4-22 左上图表示 FAU 风机转速的最优和近优控制策略。在时间步 10，即预开启的后 5min，最优和近优策略下 FAU 风机开启，而在预开启前 55min，最优和近优策略下 FCU 风机关闭，具有阈值型特征。图 4-22 中左图表示窗户开度最优

和近优策略，当时间步大于 7，即预开启后 15min，最优和近优策略下窗户开启，而在预开启前 35min，最优和近优策略下窗户关闭。图 4-22 中右图表示 FCU 风机转速最优和近优策略，最优策略下 FCU 风机间歇性开启，不具有阈值型特征，而近优策略下 FCU 风机在时间步大于 9，即预开启后 5min 内开启，而在时间步小于 9 即预开启时段前 55min，近优策略下 FCU 风机关闭，具有阈值型特征。

图 4-22 左下图表示 FAU 风机转速最优和近优策略，最优策略下 FAU 风机为间歇开关，不具有阈值型特征，而近优策略下 FAU 风机在时间步 10，即在预开启时段后 6min 开启，而在预开启时段前 55min 关闭，具有阈值型特征。图 4-22 右下图表示窗户开度最优和近优策略，最优策略下窗户间歇开关，不具有阈值型特征，而近优策略下窗户开度在时间步 10，即预开启后 5min 打开，而在预开启时段前 55min，关闭，具有阈值特征。

图 4-23 表示耦合温度为室内实时空气温度时，预开启时间大于 1h，且室外空气温度非单调增时，最优和近优联合控制策略结构详情。

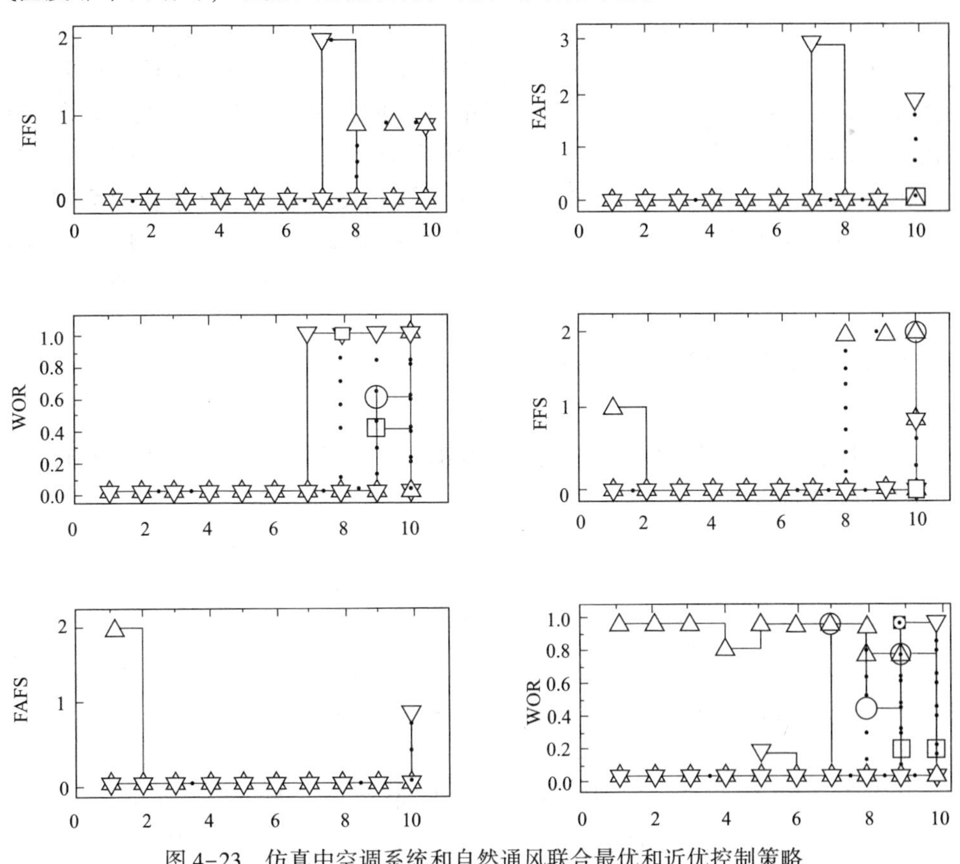

图 4-23　仿真中空调系统和自然通风联合最优和近优控制策略

图 4-23 左上图表示 FCU 风机转速最优和近优控制策略，最优策略下 FCU 风

机在时间步大于 7，即预开启时段后 15min 开启，而在时间步小于 7，即预开启时段前 35min 关闭，具有阈值型特征，而近优策略下 FCU 转速在时间步大于 8，即预开启时段后 10min 开启，而在时间步小于 8，即预开启时段前 50min 关闭，具有阈值型特征。图 4-23 右上图表示 FAU 风机转速最优和近优控制策略，在时间步大于 7，即预开启时段后 15min，风机间歇开关，最优策略不具有阈值型特征；近优策略下 FAU 在时间步 10，即预开启时段后 5min 开启，而在时间步小于 10，即预开启时段前 55min 关闭，近优策略具有阈值型特征。

图 4-23 中左图表示窗户开度的最优和近优策略，最优策略下窗户为间歇开关，不具有阈值型特，而近优策略下窗户在时间步大于 8，预开启时段后 10min，窗户开启，而在时间步小于 8，预开启时段前 50min，窗户关闭，近优策略具有阈值型特征。图 4-23 中右图表示 FCU 风机转速的最优和近优策略，最优策略下 FCU 风机为间歇开关，不具有阈值型特征，而近优策略下 FCU 风机转速在时间步大于 8，即预开启时段后 10min 开启，而在时间步小于 8，即预开启时段前 50min 关闭，近优策略具有阈值型特征。

图 4-23 左下图表示 FAU 风机转速的最优和近优策略，最优策略下 FAU 风机为间歇开关，不具有阈值型特征，而近优策略下 FAU 风机在时间步 10，即预开启时段后 5min 开启，而在时间步 10 之前，近优策略下 FAU 关闭，具有阈值型特征。

图 4-23 右下图表示窗户开度的最优和近优策略，最优策略下窗户为间歇开关，不具有阈值型特征，而近优策略下窗户时间步 8 之后，即预开启时段后 10min，开启，而在时间步 8 之前，即预开启时段前 50min 关闭，具有阈值型特征。

4.8 策略灵敏度分析

分析自然通风和其带入室内冷量，以及耦合空气温度的选择对最优和近优策略在策略获取时间和能耗的影响。

记室内空气耦合温度为 $T_{coup.i}$，则：

$$\Delta T_{coup} = T_{coup.1} - T_{coup.2}$$

记 $T_{coup.i}$ 下联合近优控制策略计算时间为 $CT_{coup.i}$，则：

$$\Delta CT = CT_{coup.1} - CT_{coup.2}$$

在 $T_{coup.i}$ 下联合近优控制策略下能耗记为 $E_{coup.i}$，则：

$$\Delta E = E_{coup.1} - E_{coup.2}$$

从表 4-2 和表 4-3 知，自然通风量模型中耦合空气温度的较小变化：

(1)动态规划和策略近优方法在策略获取计算时间没有较大差别。

(2)动态规划和策略近优方法下相应策略能耗没有较大差别。

(3)最优和近优控制策略在策略结构和趋势变化上基本一致。

表 4-2 两空气耦合温度下策略计算时间与能耗差值百分比

指 标	08:00	11:00	14:00	17:00
$\Delta CT_d/\Delta T_{coup}$	[0,0]	[0,0]	[0,0]	[0,0]
$\Delta CT_{app}/\Delta T_{coup}$	[0,0]	[0,0]	[0,0]	[0,0]
$\Delta E_d/\Delta T_{coup}$	[0,0]	[0.9%,2.45%]	[0.4%,0]	[1.9%,0]
$\Delta E_{app}/\Delta T_{coup}$	[0,0]	[0,0]	[0,0]	[0.1%,0]

表 4-3 两空气耦合温度下策略计算时间与能耗差值百分比

指 标	08:00	11:00	14:00	17:00
$\Delta CT_d/\Delta T_{coup}$	[0,0]	[0,0]	[0,0]	[0,0]
$\Delta CT_{app}/\Delta T_{coup}$	[0,0]	[0,0]	[0,0]	[0,0]
$\Delta E_d/\Delta T_{coup}$	[0,0]	[0,2%]	[-7%,-0.05%]	[-2.6%,-1.35%]
$\Delta E_{app}/\Delta T_{coup}$	[0,0]	[0,2%]	[-7%,-0.05%]	[-2.6%,-1.35%]

4.9 仿真联合近优策略性能评估

仿真中，各测试时段动态规划方法下最优联合控制策略和近优策略方法所得近优联合控制策略算法时间代价如下：

从表 4-4 知，各个预开启时间段在 1h 内的仿真实验，其采用动态规划方法获得最优策略所需平均时间为 85min，而近优方法所得近优策略所需平均时间为 17min，而相对于 1h 的预开启时间而言，超过 1h 的策略获取时间在实际中是不可行。

下面给出动态规划方法下空调系统和自然通风联合最优和近优策略方法的策略计算时间和相应策略下建筑能耗比较分析详情。

从表 4-5 和表 4-6 知结论(1)和结论(2)成立：

(1)空调系统和自然通风联合近优策略在牺牲一定建筑能耗时，策略计算时间代价大大低于最优联合控制策略的策略计算时间代价。

(2)数值仿真中，相对于最优策略，近优策略平均获取时间代价约降低 99.68%，能耗平均提升 10%左右。

从表 4-7 ~表 4-10 知，结论(3)和结论(4)成立：

(3)建筑能耗在联合控制近优和最优策略在所有测试时段平均提高约 13%左右，而相应策略获取时间降低 99.68%左右。

(4)在保证舒适度同时，增加较少建筑能耗，联合控制近优策略具有逻辑结构简单、易实施的优点，证明了策略近优方法的有效性。

表 4-4　各测试时段最优联合策略和近优策略时间代价

测试时段		计算时间/min
07-17	08:00	[88.0432,19.1231]
	11:00	[89.0211,18.0121]
	14:00	[84.1026,16.0832]
	16:00	[83.2501,15.7602]
	平均	[86.1042,17.7446]
07-20	08:00	[84.3859,16.8565]
	11:00	[83.1206,17.0351]
	14:00	[83.0521,16.0458]
	16:00	[84.1208,17.0936]
	平均	[83.6698,16.7577]
08-15	08:00	[83.0041,17.1206]
	11:00	[85.0537,16.0938]
	14:00	[85.0891,15.0803]
	16:00	[86.1528,16.3587]
	平均	[84.8249,16.1633]
08-17	08:00	[84.1321,17.0212]
	11:00	[85.1267,16.4076]
	14:00	[86.1064,17.0143]
	16:00	[84.1593,15.7135]
	平均	[84.8809,16.5391]
总平均		[84.8699,16.6762]

表 4-5　仿真中各时段最优策略和近优策略的策略计算时间和能耗

指　标	08:00	11:00	14:00	17:00
$\Delta CT_{d-app}/\Delta CT_d$	[99.83%,99.83%]	[99.83%,99.83%]	[99.83%,99.83%]	[99.83%,99.83%]
$\Delta E_{d-app}/\Delta E_d$	[0,0]	[-16.67%,-8.48%]	[0,-15.51%]	[0,-3.82%]

表 4-6　仿真各时段最优策略和近优策略的策略计算时间和能耗

指　标	08:00	11:00	14:00	17:00
$\Delta CT_{d-p}/\Delta CT_d$	[99.66%,99.52%]	[99.66%,99.56%]	[99.59%,99.42%]	[99.49%,99.35%]
$\Delta E_{d-app}/\Delta E_d$	[0,0]	[0%,-9.56]	[-1.89%,-2.63%]	[-8.11%,-4.26%]

表 4-7 仿真各时段最优策略和近优策略的策略计算时间和能耗节省率

指 标	08:00	11:00	14:00	17:00
$\Delta CT_{d-app}/\Delta CT_d$	[99.83%,99.83%]	[99.83%,99.83%]	[99.83%,99.83%]	[99.83%,99.83%]
$\Delta E_{d-app}/\Delta E_d$	[0,0]	[-3.9%,-2%]	[0%,-12.51%]	[-5.94%,0%]

表 4-8 仿真各时段最优策略和近优策略的策略计算时间和能耗节省率

指 标	08:00	11:00	14:00	17:00
$\Delta CT_{d-app}/\Delta CT_d$	[99.66%,99.52%]	[99.66%,99.56%]	[99.59%,99.42%]	[99.49%,99.35%]
$\Delta E_{d-app}/\Delta E_d$	[0,0]	[-5.9%,-12.7%]	[-2.59%,0%]	[-7.8%,-1.35%]

表 4-9 仿真各时段最优策略和近优策略的策略计算时间和能耗节省率

指 标	08:00	11:00	14:00	17:00
$\Delta CT_{d-app}/\Delta CT_d$	[99.83%,99.83%]	[99.83%,99.83%]	[99.83%,99.83%]	[99.83%,99.83%]
$\Delta E_{d-app}/\Delta E_d$	[0,0]	[-23%,-34%]	[-14%,23.8%]	[-12.5%,-9.09]

表 4-10 仿真各时段最优策略和近优策略的策略计算时间和能耗节省率

指 标	08:00	11:00	14:00	17:00
$\Delta CT_{d-app}/\Delta CT_d$	[99.83%,99.39%]	[99.83%,99.32%]	[99.83%,99.42%]	[99.83%,99.46%]
$\Delta E_{d-app}/\Delta E_d$	[0,0]	[-26.7%,0]	[-23.08%,-56.7%]	[-9.09%,-23.3%]

表 4-11 比较本节所给近优策略方法与神经网络方法，本书第 2 章基于概率泛化的近优策略方法在策略涵盖范围、室内舒适度、策略计算时间代价进行比较分析。从表 4-11 可知，相较于人工神经网络方法，本节方法近优策略涵盖范围包括预开启时间、风机盘管 FCU、新风机组 FAU 和自然通风控制策略，且舒适度相较于第 2 章基于概率泛化的近优策略方法满意度更高。

表 4-11 近优策略方法比较

条 目	基于机理模型近优策略方法	基于神经网络近优策略方法	基于概率泛化近优策略方法
空调开启时间	是	是	是
FCU	是	否	是
FAU	是	否	是
自然通风	是	否	是
联合控制策略	是	否	是
舒适度不满意	否	否	是
策略计算时间	是	否	是
是否依赖样本数据	否	是	是
是否依赖先验知识	是	是	是

第5章　自然通风和遮阳板联合最优控制策略和节能潜力量化分析

5.1　引言

在空调正常运行中，通过最大化利用自然资源，如最大化利用自然通风带来免费自然冷源和新风源，降低空调系统制冷/热负荷以及新风负荷；合理调节遮阳板开启角度，在夏季可以在减少进入室内的室外太阳辐射的同时，给室内工作面提供适合的免费自然光照，在冬季可以在充分提供室内免费热源的同时，提供室内合适的自然光照，以尽可能减少空调系统冷/热负荷和人工照明能耗，从而降低建筑能耗。

然而，通过开窗自然通风和调节遮阳板开启角度虽然可以降低能耗，但其各自节能潜力的大小与天气参数和室内环境参数密切相关。因此，如何量化评估自然通风和遮阳板在一定天气参数和室内环境参数条件下的节能潜力大小，以及节能潜力随天气参数和室内环境参数的变化规律是自然通风和遮阳板节能策略制定的基础，也是本章研究的主要问题。

本章首先针对这一问题建立空调正常运行中，典型工作日空调系统风机盘管、新风机组、自然通风、遮阳板、人工照明的最优联合控制数学模型，然后采用动态规划方法获得测试时段相应天气参数和室内初始环境参数下空调系统、自然通风、遮阳板、人工照明的联合最优控制策略，紧接着通过与基于楼宇工程师的经验联合控制策略在建筑能耗和室内人员对环境舒适度的对比分析，给出夏季不同天气参数下自然通风和遮阳板的节能潜力量化评估分析指标，发现自然通风节能潜力普遍大于相应遮阳板的节能潜力，通过进一步分析知自然通风节能潜力和天气参数灵敏度较高，而遮阳板的节能潜力主要受太阳高度角的影响变化相对较平稳。

5.2　节能潜力量化评估方法国内外研究现状

合理充分利用自然通风和遮阳板可大大节省建筑能耗，但是如何量化各天气参数下自然通风与遮阳板的建筑节能潜力对制定其各自相应的节能策略具有基础和决定性作用。加拿大学者 A. Tzempelikos 等通过模拟不同遮阳板角度开启策略下建筑能耗，得到不同遮阳板角度策略与建筑节能量值的影响关系，以此作为不同遮阳板角度控制策略的节能依据，进一步得到建筑能耗较小时的遮阳板角度控制策略。B. Sun 研究空调系统、自然通风、遮阳板、人工照明的联合优化控制策略，得到在保证人员舒适度时，建筑总能耗最小时的联合最优控制策略，并进一步发现，进行建筑预制冷包括自然通风和空调系统是建筑节能的重要方式。

L. N. Yang 等通过提出压差帕斯卡小时数的概念研究中国四个典型天气参数下完全自然通风房间环境下自然通风全年的建筑节能潜力，其舒适性评价指标为室内空气温度和空气质量，即全年中在自然通风策略下室内空气温度和空气质量都达到满足的小时数占比情况，其通风策略为窗户全开或者全关，即 0-1 二值控制，没有根据天气参数的不同而对自然通风策略进行优化；且在环境不舒适较高时，压差帕斯卡小时数较低，说明在量化自然通风节能潜力时，室内环境热舒适模型具有较大影响。L. N. Yang 等对中国五大城市在自然通风控制策略和建筑能耗、室内热舒适方面进行模拟比较，提出自然通风制冷潜力概念来对自然通风的节能潜力进行量化分析，发现自然通风制冷潜力与天气参数、建筑热特性、通风策略等密不可分，不足之处在于其自然通风量模型相对简单，忽略动态仿真过程中累计误差量造成模型失真的情况。

以上调研中，所考虑遮阳板和自然通风节能潜力量化分析指标均考虑为非空调环境即完全自然通风环境，并且很少考虑自然通风和遮阳板联合优化控制下各自节能潜力状况，所考虑情况较为单一，与实际系统差异较大。

5.3 联合优化控制数学模型

通过对空调正常运行阶段，空调系统、自然通风、遮阳板、人工照明联合优化控制研究现状的调研分析，建立其联合最优控制数学模型；分别以正常运行阶段总能耗最小为控制目标，室内人员舒适度、系统状态和控制变量客观条件为系统约束，以室内空气温度、含湿量、二氧化碳含量、室内工作面照度的动态变化机理建立系统状态方程。

1. 控制目标

本章考虑能耗正常运行过程中空调系统为除去室内冷/热负荷所消耗能耗，风机盘管 FCU 和新风机组 FAU 风机能耗和人工照明能耗，如式(5-1)所示：

$$\min_{u(\tau)} J(u) = \int_{\tau_{initial\_norm}}^{\tau_{final\_norm}} [E_{HVAC}(\xi) + E_{FanFCU}(\xi) + E_{FanFAU}(\xi) + E_{Light}(\xi)] \mathrm{d}\xi \quad (5-1)$$

式中，记空调正常运行的起始和终止时刻为 $\tau_{initial\_norm}$，τ_{final_norm}。

2. 系统状态方程

室内空气含湿量、二氧化碳含量的动态变化如公式(3-4)和公式(3-6)所示。

室内空气温度状态变化方程如公式(5-2)所示：

$$c_{pa}\rho_a V_r \mathrm{d}T_{ia}(\tau)/\mathrm{d}\tau = \sum_{i=1}^{6} F_{w.i}h_{ia}[T_{w.i.n+1}(\tau) - T_{ia}(\tau)] + Q_{occ}(\tau) + Q_{light}(\tau) + Q_{equip}(\tau) + Q_{nv}(\tau) + Q_{HVAC}(\tau) + F_{wd}h_{wd}[T_{oa}(\tau) - T_{ia}(\tau)] + Q_{in.tr}(\tau) \tag{5-2}$$

3. 系统约束

空调正常运行时刻τ，$\forall\tau \in [\tau_{initial\_norm}, \tau_{final\_norm}]$，室内空气温度满足式(5-3)：

$$T_{ia}(\tau) \in \begin{cases}[T_{ia.occ}^{lower}, T_{ia.occ}^{upper}]，\text{当目标房间有人使用时}\\ [T_{ia.unocc}^{lower}, T_{ia.unocc}^{upper}]，\text{当目标房间无人使用时}\end{cases} \tag{5-3}$$

室内空气相对湿度满足式(5-4)：

$$H_{ia}^{R}(\tau) \in \begin{cases}[H_{ia.occ}^{R.lower}, H_{ia.occ}^{R.upper}]，\text{当目标房间有人使用时}\\ [H_{ia.unocc}^{R.lower}, H_{ia.unocc}^{R.upper}]，\text{当目标房间无人使用时}\end{cases} \tag{5-4}$$

空气二氧化碳浓度满足式(5-5)：

$$C_{ia}(\tau) \in \begin{cases}[C_{ia.occ}^{lower}, C_{ia.occ}^{upper}]，\text{当目标房间有人使用时}\\ [C_{ia.unocc}^{lower}, C_{ia.unocc}^{upper}]，\text{当目标房间无人使用时}\end{cases} \tag{5-5}$$

室内工作面照度满足式(5-6)：

$$L_{wp}(\tau) \in \begin{cases}[L_{wp.occ}^{lower}, L_{wp.occ}^{upper}]，\text{当目标房间有人使用时}\\ [L_{wp.unocc}^{lower}, L_{wp.unocc}^{upper}]，\text{当目标房间无人使用时}\end{cases} \tag{5-6}$$

室内环境向量$s_\tau = (T_{ia}(\tau), H_{ia}^{R}(\tau)), C_{ia}(\tau), L_{wp}(\tau))$取值范围满足下式：

$$s_\tau \in \begin{cases}T_{ia}(\tau) \times H_{ia}^{R}(\tau) \times C_{ia}(\tau) \times L_{wp}(\tau)，\text{当目标房间有人使用时}\\ T_{ia}(\tau) \times H_{ia}^{R}(\tau) \times C_{ia}(\tau) \times L_{wp}(\tau)，\text{当目标房间无人使用时}\end{cases}$$

控制变量约束用公式(5-7)表示，式中，$n_{FCU}(\tau)$为任意τ时刻风机盘管开启数目，$v_{FCU}(\tau)$为任意τ时刻风机盘管风机开启挡数，$v_{FAU}(\tau)$为任意τ时刻新风机组风机开启挡数，θ_{wor}为任意τ时刻窗户开度，$\beta_{shading}(\tau)$为任意τ时刻遮阳板开启角度。

$$\begin{cases}n_{FCU}(\tau) \in \tilde{N}_{FCU}\\ v_{FCU}(\tau) \in \tilde{M}_{FCU}\\ v_{FAU}(\tau) \in \tilde{M}_{FAU}\\ \theta_{wor}(\tau) \in \Theta_{wor}\\ \beta_{shading}(\tau) \in B_{shading}\end{cases} \quad \forall\tau \in [\tau_{initial\_norm}, \tau_{final\_norm}] \tag{5-7}$$

正常运行时刻τ，控制向量取值范围如公式(5-8)所示：

$$u(\tau) \in \tilde{N}_{FCU} \times \tilde{M}_{FCU} \times \tilde{M}_{FAU} \times \Theta_{wor} \times B_{shading} \tag{5-8}$$

5.3.1 透过遮阳板进入室内太阳辐射量和自然光照度模型

通过遮阳板控制来调节进入室内的太阳辐射量和自然光照度，进而影响室内空气温度和工作面照度。本节采用遮阳板开启角度与透过遮阳板系统进入室内的太阳辐射强度的量化模型。遮阳板开启角度和太阳透过辐射如图 5-1 和图 5-2 所示。

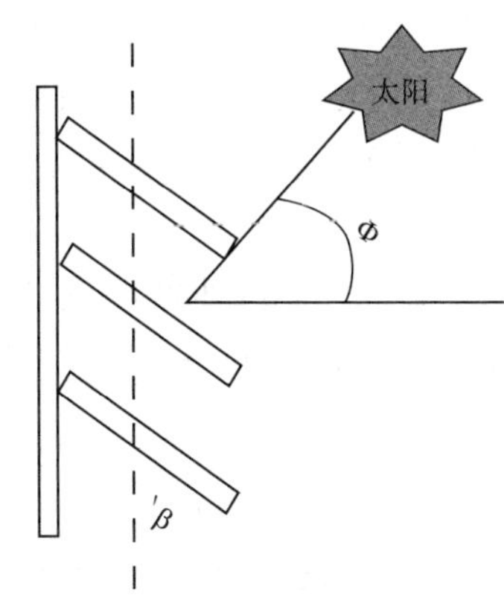

图 5-1 遮阳板角度与太阳入射角关系示意图

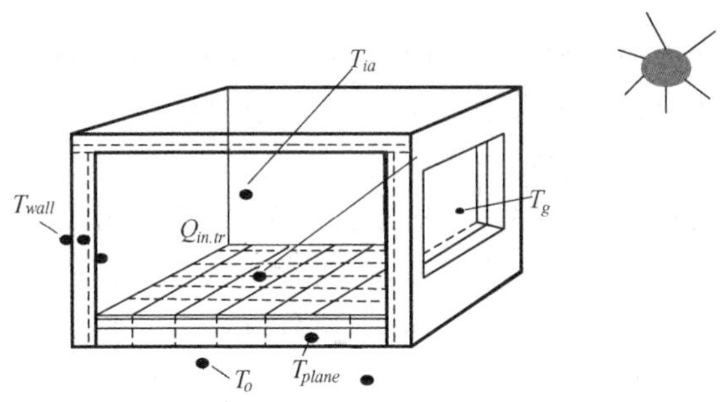

图 5-2 室外太阳辐射透过图

采用遮阳板的太阳辐射透过率和其角度的量化关系，分为晴天和阴天来描述。方程(5-9)和方程(5-10)分别表示阴天和晴天遮阳板系统遮阳板太阳辐射透过率和遮阳板开启角度的量化关系。

$$\zeta_v^{overcast} = \frac{4.5 \times 10^{12}\beta^{-6}}{e^{\frac{335}{\beta}} - 1} \tag{5-9}$$

$$\begin{aligned}\zeta_v^{clear} &= \zeta_v^{clear}(\beta, \Phi) \\ &= 0.55e^{-(\beta-80)\frac{2}{1900}}(-4.917 \times 10^{-7}\Phi^4 + 0.00009\Phi^3 \\ &\quad - 0.0056\Phi^2 + 0.13\Phi - 0.00437)\end{aligned} \tag{5-10}$$

因此，通过遮阳板系统透进室内的太阳辐射量用式(5-11)计算：

$$Q_{in.tr} = Q_{solar} \times \{\zeta_v^{overcast}, \zeta_v^{clear}\} \tag{5-11}$$

遮阳板开启角度对进入室内的透过太阳辐射量起关键作用。

记室外水平面自然光照度为 $L_{horizontal}$，与窗户平行水平面自然光照度计算如公式(5-12)所示：

$$\begin{aligned} L_w^{overcast}(n,\tau) &= 500(0.3 + 21\sin(\alpha(n,\tau)))(1+\rho_g)L_{horizontal} \\ L_w^{clear}(n,\tau) &= 320(1.5 + 23\sin(\alpha(n,\tau)))(1+\rho_g)L_{horizontal} \end{aligned} \tag{5-12}$$

式中，n 表示计算日在一年中的天数次数；$\alpha(n, \tau)$ 表示在计算日 τ 时刻的太阳高度角；ρ_g 表示地面光反射率。

则计算日计算时刻通过窗户自然光照度如公式(5-13)：

$$\begin{aligned} L(n,\tau,\beta) &= \{L_w(n,\tau)\} \times \{\zeta_v^{overcast}, \zeta_v^{clear}\} \\ &= \{L_w^{overcast}(n,\tau)\zeta_v^{overcast}, L_w^{clear}(n,\tau)\zeta_v^{clear}\} \\ &= \{L_w^{overcast}(n,\tau,\beta), L_w^{clear}(n,\tau,\beta)\} \end{aligned} \tag{5-13}$$

式中，$L_w^{overcast}(n, \tau)$ 和 $L_w^{clear}(n, \tau)$ 分别表示阴天和晴天下与窗户平行的水平面自然光照度。

5.3.2 工作面所得自然光照度计算模型

工作面照度是人工照明和进入室内自然光照度的叠加，许多学者对进入室内的自然光照度进行了研究，本书采用工作面指定点照度的计算模型，如图 5-3 所示。对于自然光照度计算，首先设定进入室内自然光源为房间唯一光源，根据建筑物理参数计算各个反光面包括四面墙体、房顶、地面、工作面由人工照明光源通过室内反射、散射作用所得到的光源强度，其中图形参数(Form Factor)如图 5-4 所示，而最终工作面指定点与各个反射面的构成参数(Configuration Factor)、工作面指定点的照度分别参见相关参考文献。

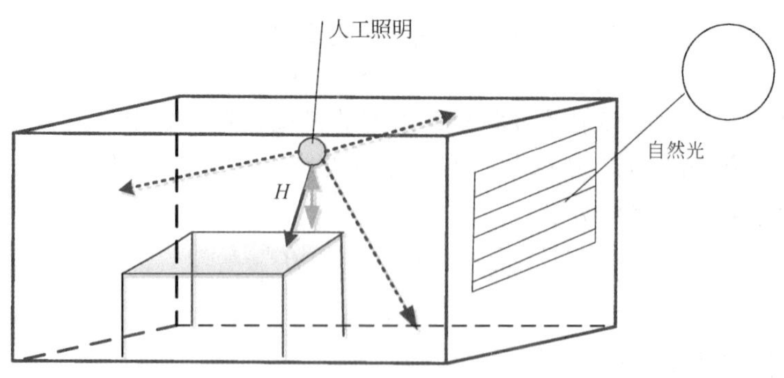

图 5-3　工作面照度

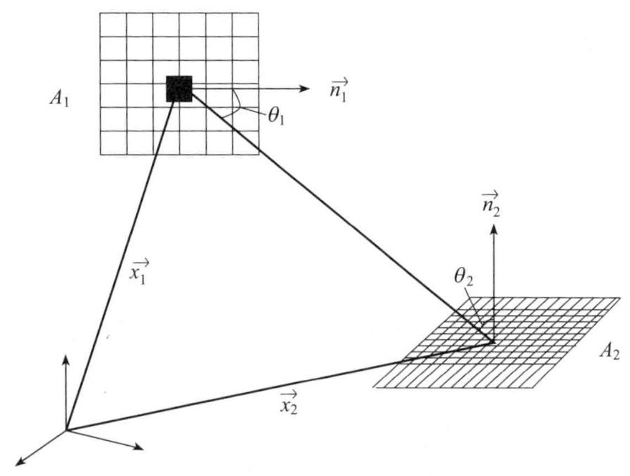

图 5-4 各光源反射面形式参数计算

5.3.3 人工照明工作面照度计算模型

本书研究人工照明即灯是可以通过调节其功率来控制其提供给室内的照度，一般来说，功率越高，提供的照度越高，相应耗电量也越高。常用的人工照明计算模型有平均照度计算法和点照度计算法，本书采用平均照度计算法，计算模型公式如下：

$$L_{average} = \frac{N_{light} \times \Phi_L \times UF \times LLF}{A_{plane}}$$

式中，N_{light}为灯具数目，$L_{average}$为照明规定的平均照度值，A_{plane}为工作面面积，Φ_L为一个灯具在一定功率下的光通量，LLF 为相应的减光系数。

5.4 正常运行阶段联合优化控制策略研究思路

首先，建立空调系统、自然通风、遮阳板、人工照明的联合最优控制数学模型；其次，采用动态规划方法得到测试时段天气参数下最优控制问题的最优控制策略；最后，通过比较分析自然通风、遮阳板在其最优和经验控制策略下建筑能耗和室内舒适度，得到对自然通风和遮阳板的节能潜力量化评估指标，进一步分析其量化评估指标的变化规律。

动态规划算法在 20 世纪 50 年代由美国数学家 E. R. Bellman 等在研究多阶段决策过程时提出，核心概念即著名的最优性原理，它首先将多阶段最优决策问题分解为一系列的单阶段最优决策问题，利用各阶段之间的状态转移关系，逐一求解单阶段最优决策问题，从而得到原问题的总体最优解。

5.5 数值仿真

建筑模型及其参数取值和空调系统模型参数参考前文，这里工作面距地面高 1m。

5.5.1 仿真约束取值

根据公式(5-3)，此时室内空气温度取值满足公式(5-14)：

$$\begin{cases}[T_{ia.occ}^{lower}, T_{ia.occ}^{upper}] = [22,26] \\ [T_{ia.unocc}^{lower}, T_{ia.unocc}^{upper}] = [20,28]\end{cases} \tag{5-14}$$

根据公式(5-4)，室内空气相对湿度取值满足公式(5-15)：

$$\begin{cases}[H_{ia.occ}^{R.lower}, H_{ia.unocc}^{R.upper}] = [30\%,60\%] \\ [H_{ia.unocc}^{R.lower}, H_{ia.unocc}^{R.upper}] = [10\%,90\%]\end{cases} \tag{5-15}$$

根据公式(5-5)，室内空气二氧化碳含量取值满足公式(5-16)：

$$\begin{cases}[C_{ia.occ}^{lower}, C_{ia.occ}^{upper}] = [0,800] \\ [C_{ia.unocc}^{lower}, C_{ia.unocc}^{upper}] = R^+ \cup \{0\}\end{cases} \tag{5-16}$$

根据公式(5-6)，室内工作面照度取值满足公式(5-17)：

$$\begin{cases}[L_{wp.occ}^{lower}, L_{wp.occ}^{upper}] = [300,500] \\ [L_{wp.unocc}^{lower}, L_{wp.unocc}^{upper}] = R^+ \cup \{0\}\end{cases} \tag{5-17}$$

在离散步 k，根据公式(5-7)，控制变量约束取值满足公式(5-18)：

$$\begin{cases}n_{FCU}(k) \in [0,1,2,3,4,5] \\ v_{FCU}(k) \in [0,1,2,3] \\ v_{FAU}(k) \in [0,1,2,3] \\ \theta_{wor}(k) \in [0,0.2,0.4,0.6,0.8,1] \\ \beta_{shading}(k) \in [0,10,20,30,40,50,60,70,80]\end{cases} \tag{5-18}$$

$$u(k) = \{n_{FCU}(k), v_{FCU}(k), v_{FAU}(k), \theta_{wor}(k), \beta_{shading}(k)\}$$

$$\forall k \in [1, \lceil (\tau_{final\_norm} - \tau_{initial\_norm}) / \tau_{discrete} \rceil]$$

5.5.2 仿真参数

仿真中设定室内人员最大数目为 4 人，乌鲁木齐由于时差原因，与其他三个城市作息相差 2h。天气参数包括室外空气温度、室外空气含湿量、室外水平面太阳辐射总强度等从气象站得到的精确数据，暂不考虑完全随机情况。具体天气参数如图 5-5 所示。

图 5-5(a)表示 07 月 15 日北京、上海、广州、乌鲁木齐室外空气温度变化规律：

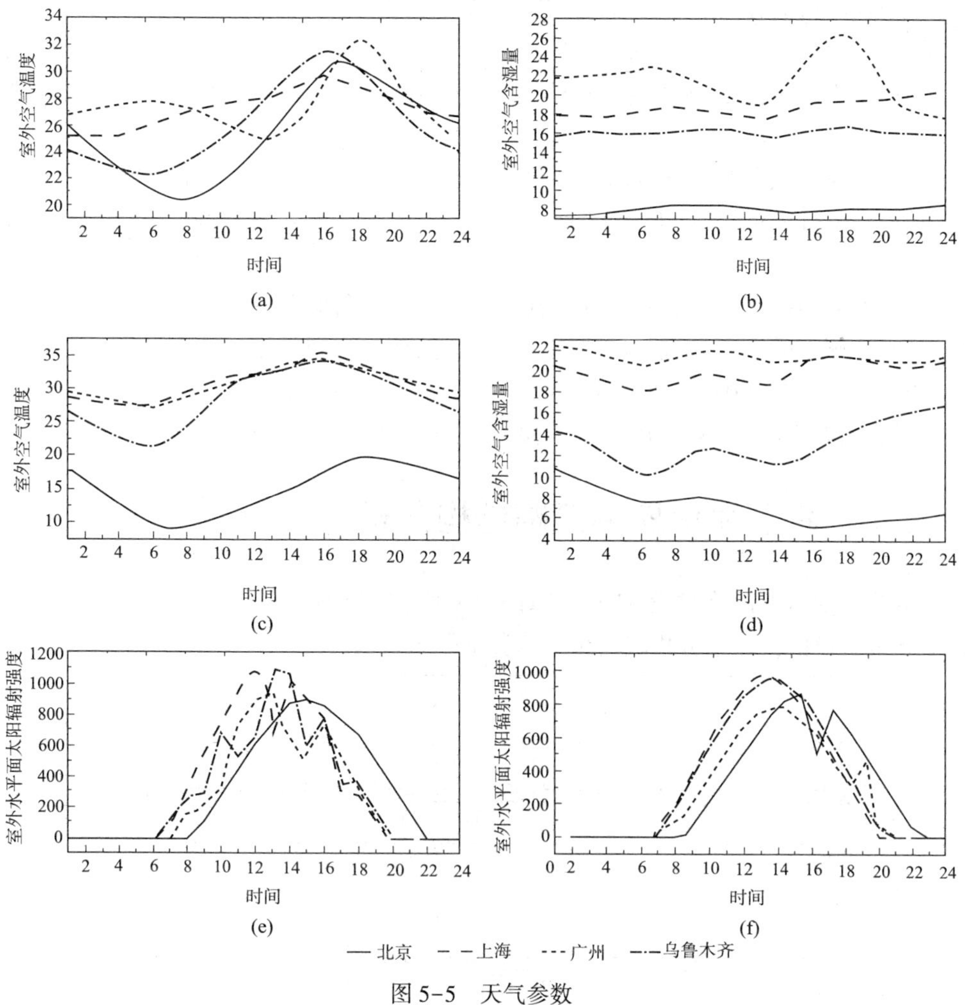

图 5-5 天气参数

(1)在 07 月 15 日北京室外空气温度低于其他三个城市相应室外空气温度。

(2)在 07 月 15 日北京和乌鲁木齐室外空气温度昼夜温差相对上海和广州差值大，达到 10℃左右。

图 5-5(b)表示 07 月 15 日北京、上海、广州、乌鲁木齐室外空气含湿量变化规律：

(1)相对上海和广州，北京和乌鲁木齐在 07 月 15 日室外空气含湿量相对较低。

(2)北京和乌鲁木齐在 07 月 15 日室外空气含湿量全天变化相较上海和广州量值高。

图 5-5(c)表示 07 月 15 日北京、上海、广州、乌鲁木齐室外水平面太阳辐射总强度全天变化规律：乌鲁木齐和上海在 07 月 15 日室外太阳辐射总强度相较于北京和广州量值高。

图 5-5(d)表示 08 月 15 日北京、上海、广州、乌鲁木齐室外空气温度变化规律：

(1)上海在 08 月 15 日室外空气温度变化幅度小，相对其他三个城市比较平稳。

(2)北京和乌鲁木齐在 08 月 15 日室外空气昼夜温差值大，达到 10℃以上。

图 5-5(d)表示 08 月 15 日北京、上海、广州、乌鲁木齐室外空气含湿量变化规律：

(1)在 08 月 15 日，北京室外空气含湿量最低，乌鲁木齐次之。

(2)广州室外空气含湿量起伏变化较大，其他三个城市相对较为平稳。

图 5-5(e)表示 08 月 15 日北京、上海、广州、乌鲁木齐室外水平面太阳辐射总强度变化规律：在 08 月 15 日北京室外太阳辐射总强度均小于其他三个城市。

5.6 联合优化控制策略结构分析

本节展示仿真计算时段 07 月 15 日和 08 月 15 日所得自然通风与遮阳板联合最优控制策略详情，详细分析其与天气参数的关系。

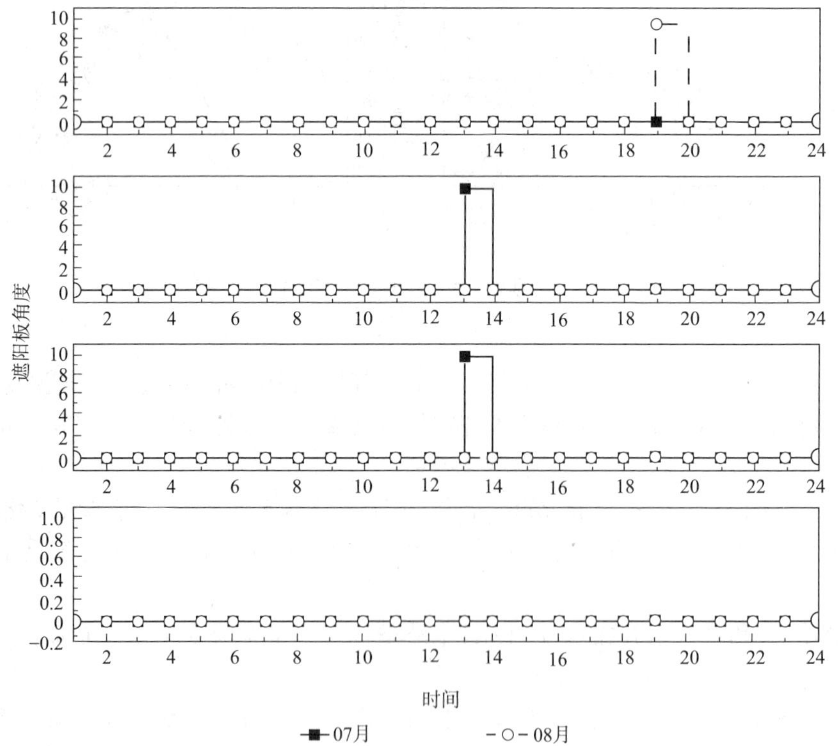

图 5-6　07-15 和 08-15 遮阳板角度最优开启策略

图 5-6 第一栏表示北京遮阳板逐时控制策略，在 07 月 15 日和 08 月 15 日遮阳板全天均关闭更有利于节能；图 5-6 第二栏表示广州遮阳板控制策略，在 07 月 15 日各测试时段，遮阳板都关闭，而在 08 月 15 日 18:00 到 19:00 开启，且开启角度为最小 10°。图 5-6 第三栏表示上海遮阳板控制策略，在 07 月 15 日 12:00 到13:00 之间遮阳板开启，且开启最小 10°，而在 08 月 15 日全天关闭。

图 5-6 第四栏表示乌鲁木齐遮阳板控制策略，在 07 月 15 日 19:00 到 20:00 之间开启，且遮阳板开启角度最小 10°，而在 08 月 15 日 13:00 到 14:00 开启，且遮阳板开启最小 10°。从以上分析知，遮阳板 07 月份比 08 月份开启更为频繁。

图 5-7 第一栏表示北京自然通风最优策略，在测试年 07 月 15 日 08:00 点到 10:00 点开窗面积比例为 0.2；而在测试年 08 月 15 日 08:00 点到 12:00 点窗户开启，开窗面积比例最大为 0.2。图 5-7 第二栏表示广州自然通风最优策略，在 07 月 15 日全天窗户关闭，而在 08 月 15 日 12:00 点到 13:00 点窗户开启，且面积开启比例最大为 0.2。图 5-7 第三栏表示上海自然通风最优策略，在 07 月 15 日和 08 月 15 日全天窗户关闭。

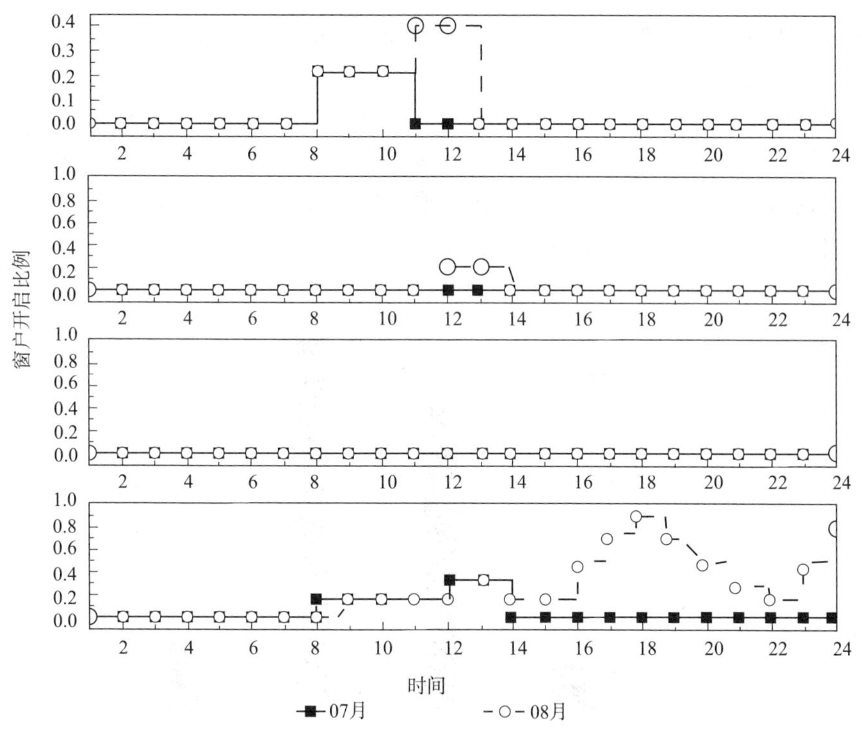

图 5-7 07-15 和 08-15 自然通风窗户开度最优控制策略

图 5-7 第四栏表示乌鲁木齐自然通风最优策略，在 07 月 15 日 09:00 点到 23:00点窗户开启，且窗户开启比例最大为 1，在 08 月 15 日 08:00 点到 14:00 点窗户关闭，且开启比例最大为 0.6。

综合可知，自然通风在夏季 07/08 月份窗户开启策略变化较大。

5.7 节能潜力量化评估分析

为量化评估数值仿真中自然通风和遮阳板节能潜力，给出自然通风和遮阳板经验联合控制策略如表 5-1 所示：

表 5-1 自然通风和遮阳板经验控制策略

条目	00:00~07:00	08:00~12:00	13:00~17:00	17:00~21:00	22:00~23:00
窗户	$\theta_{wor}=0.4$	$\theta_{wor}=0.2$	$\theta_{wor}=0$	$\theta_{wor}=0$	$\theta_{wor}=0.4$
遮阳板	$\beta_{shading}=0$	$\beta_{shading}=40$	$\beta_{shading}=0$	$\beta_{shading}=20$	$\beta_{shading}=0$

图 5-8 表示北京、上海、广州、乌鲁木齐两测试时段遮阳板节能潜力，可知：

(1)四城市中，遮阳板在北京和广州 08 月 15 日节能潜力大于其在 07 月 15 日相应节能潜力。

(2)四城市中，遮阳板在上海和乌鲁木齐 08 月 15 日节能潜力小于其在 07 月 15 日相应节能潜力。

(3)遮阳板节能潜力在四个城市中三个城市(北京、上海、广州)的变化幅度较小，说明在夏季测试时段，遮阳板控制策略受太阳高度角影响，变化较为平稳。

(4)在城市上海和广州，遮阳板在夏季的节能潜力均达到 60%之上，而在北京和乌鲁木齐遮阳板节能潜力在 10%左右。

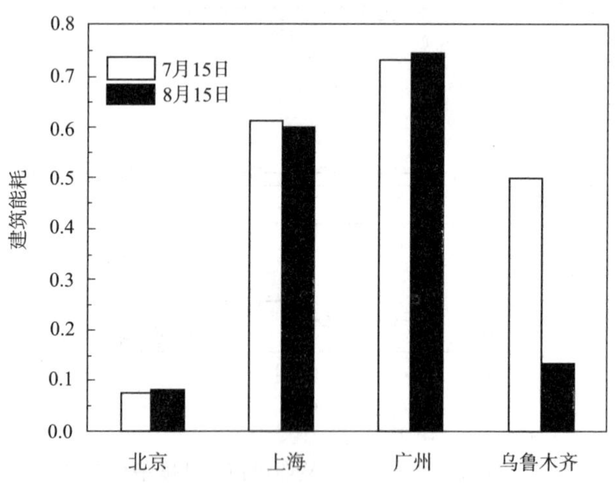

图 5-8 07-15 和 08-15 遮阳板节能潜力比较

从表 5-2 知，在四城市中，遮阳板在最优策略下，北京、上海、广州遮阳板节能潜力差异量较小，而乌鲁木齐遮阳板节能潜力差异较大，说明遮阳板在夏季随天气参数的变化相对较小，对天气参数灵敏度不高。

表 5-2 遮阳板最优控制策略下建筑能耗和其节能潜力

城 市	测试日期	建筑能耗	节能潜力	节能潜力比较
北京	07-15	48.5696	7.76%	$ESP_J<ESP_A$
	08-15	48.8349	8.3%	
上海	07-15	93.5248	61.26%	$ESP_J>ESP_A$
	08-15	78.4642	59.9%	
广州	07-15	64.8050	73.4%	$ESP_J<ESP_A$
	08-15	59.3862	74.48%	
乌鲁木齐	07-15	18.0285	50%	$ESP_J>ESP_A$
	08-15	32.9529	13.3%	

从图 5-9 可知：

(1)北京和乌鲁木齐在测试年 07 月 15 日自然通风策略节能潜力大于相应的 08 月 15 日节能潜力；并结合图 5-5 知，北京和乌鲁木齐在测试日 07 月 15 日室外空气温度昼夜温差变化较大，说明在温差变化较大时，自然通风节能潜力高。

(2)广州和上海在 07 月 15 日自然通风节能潜力小于相应的 08 月 15 日节能潜力；广州和上海在 07 月 15 日室外空气含湿量普遍高于测试日 08 月 15 日室外空气含湿量，说明室外空气含湿量与自然通风节能潜力成反向影响关系(表 5-3)。

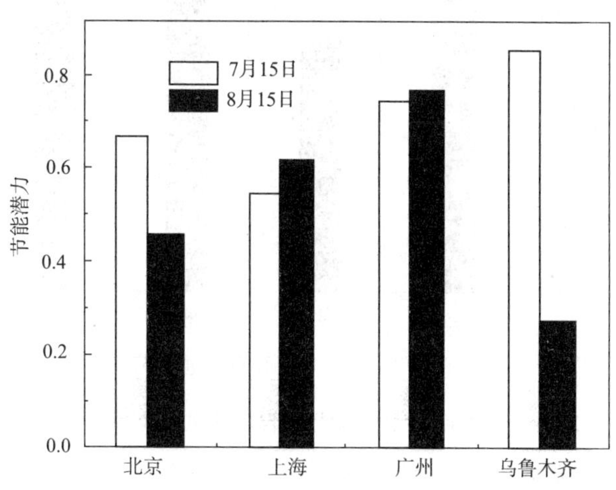

图 5-9 07-15 和 08-15 自然通风策略节能潜力比较

表 5-3 07 月 15 日和 08 月 15 日自然通风建筑能耗和节能潜力

城 市	测试日期	建筑能耗	节能潜力	节能潜力比较
北京	07-15	48.5696	66.7%	$ESP_J>ESP_A$
	08-15	48.8349	45.4%	

续表

城　市	测试日期	建筑能耗	节能潜力	节能潜力比较
上海	07-15	93. 5248	54. 1%	$ESP_J<ESP_A$
	08-15	78. 4642	61. 5%	
广州	07-15	64. 8050	74. 7%	$ESP_J<ESP_A$
	08-15	59. 3862	76. 5%	
乌鲁木齐	07-15	18. 0285	84. 5%	$ESP_J>ESP_A$
	08-15	32. 9501	27. 2%	

(3) 自然通风在两测试时段内节能潜力均大于 30% 左右；说明在夏季测试日通过优化控制自然通风策略具有较高的节能潜力优势。

从图 5-10 和表 5-4 可知，在测试年 07 月 15 日四城市遮阳板节能潜力普遍小于自然通风节能潜力，由此可知，自然通风对于建筑节能具有重要影响作用。

从图 5-11 和表 5-5 知，在 08 月 15 日在四城市自然通风节能潜力普遍大于遮阳板节能潜力。

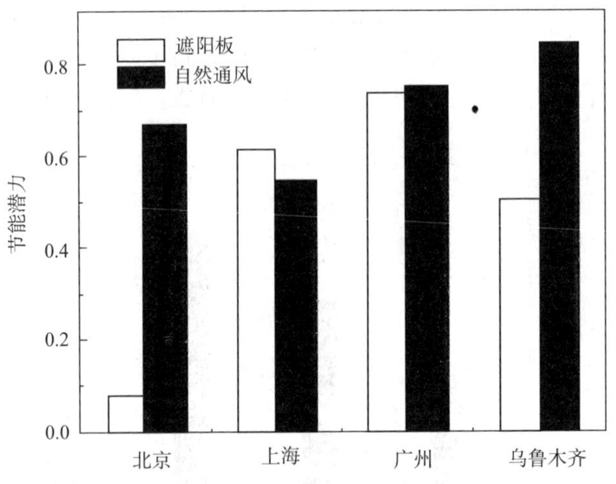

图 5-10　07 月 15 日遮阳板和自然通风节能潜力

表 5-4　07 月 15 日遮阳板和自然通风节能潜力比较

城　市	控制系统	建筑能耗	节能潜力	节能潜力比较
北京	遮阳板	48. 5696	7. 76%	$ESP_{shading}<ESP_{NV}$
	自然通风	48. 5696	66. 7%	
上海	遮阳板	93. 5248	61. 26%	$ESP_{shading}>ESP_{NV}$
	自然通风	93. 5201	54. 1%	
广州	遮阳板	64. 8050	73. 4%	$ESP_{shading}<ESP_{NV}$
	自然通风	64. 8053	74. 7%	
乌鲁木齐	遮阳板	18. 0285	50%	$ESP_{shading}<ESP_{NV}$
	自然通风	18. 0291	84. 5%	

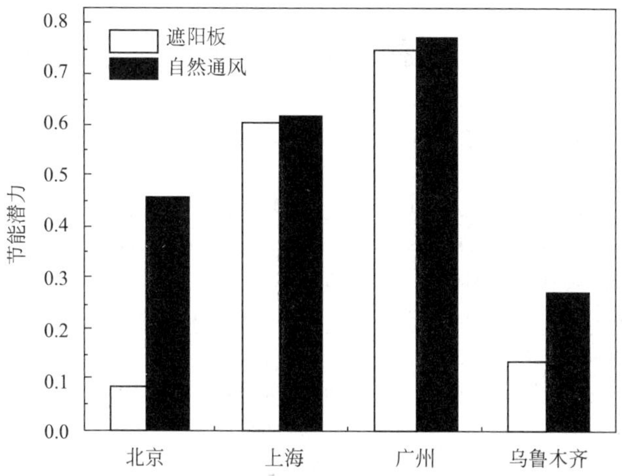

图 5-11 08 月 15 日遮阳板和自然通风节能潜力

表 5-5 08 月 15 日遮阳板和自然通风节能潜力

地 区	控制系统	建筑能耗	节能潜力	节能潜力比较
北京	遮阳板	48. 8349	8. 3%	$ESP_{shading} < ESP_{NV}$
	自然通风	48. 8349	54. 4%	
上海	遮阳板	78. 4642	59. 9%	$ESP_{shading} < ESP_{NV}$
	自然通风	78. 4642	61. 5%	
广州	遮阳板	59. 3862	74. 48%	$ESP_{shading} < ESP_{NV}$
	自然通风	59. 3862	76. 5%	
乌鲁木齐	遮阳板	32. 9529	13. 3%	$ESP_{shading} < ESP_{NV}$
	自然通风	32. 9529	27. 2%	

参 考 文 献

[1] 廖华，魏一鸣．“十二五”中国能源和碳排放预测与展望[J]．中国科学院院刊，2011，26(2)：150-153.

[2] 薛志峰，江亿．北京市大型公共建筑用能现状与节能潜力分析[J]．暖通空调，2004，34(9)：45-49.

[3] L. Lu，W. J. Cai，Y. S. Chai，L. H. Xie，J. L. Shu. HVAC system optimization condenser water loop[J]. Energy Conversion and Management，2004，45(4)：613-630.

[4] L. Lu，W. J. Cai，L. H. Xie，S. J. Li，Y. C. Soh. HVAC system optimization—in-building section[J]. Energy and Buildings，2005，7(1)：11-22.

[5] L. Lu，W. J. Cai，Y. S. Chai，L. H. Xie. Global optimization for overall HVAC systems—Part Ⅰ problem formulation and analysis [J]. Energy Conversion and Management，2005，46(1)：999-1014.

[6] 江亿，薛志峰．超低能耗建筑技术及应用[M]．北京：中国建筑工业出版社，2005.

[7] Henry C. Spindler，Leslie K. Norford. Natural ventilated and mix-mode buildings-Part Ⅱ：Optimal control [J]. Building and Environment，2009，44(1)：750-761.

[8] 杨丽珍，孟庆林．广州地区住宅开窗方式对空调能耗的影响[J]．西安建筑科技大学学报(自然科学版)，2002，34(1)：30-34.

[9] 龚光彩，李红祥，李玉国．自然通风的应用与研究[J]．建筑热能通风空调，2003，4(4)：16-18.

[10] 贾庆贤，赵荣义．风速频谱对人体热舒适性的影响[J]．清华大学学报(自然科学版)，2001，41(6)：89-91.

[11] 金招芬，朱颖心．建筑环境学[M]．北京：中国建筑工业出版社，2001.

[12] 赵荣义，范存养，薛殿华，钱以明．空气调节[M]．北京：中国建筑工业出版社，1994.

[13] M. Zaheer-uddin，G. R. Zheng. Optimal control of time-scheduled heating，ventilating，and air conditioning process in buildings[J]. Energy Conversion & Management，2000，41(1)：49-60.

[14] 刘瑾．基于 PMV 指标的空调系统舒适控制研究[D]．长沙：湖南大学，2003.

[15] R. Gonzalez，A. P. Gagge. Magnitude estimates of thermal discomfort during transients of humidity and operative temperature and their relation to the new ASHRAE effective temperature [J]. ASHERE Transactions，1973，79(1)：88-96.

[16] M. Sourbron，L. Helsen. Evaluation of adaptive thermal comfort models in moderate climates and their impact on energy use in office buildings [J]. Energy and Buildings，2010，43(2)：423-432.

[17] 江亿，燕达，赵晓华，宋芳婷．建筑环境系统模拟分析方法—DeST [M]．北京：中国建筑工业出版社，2006.

[18] A. Tzempelikos. A methodology for integrated daylight and thermal process analysis [D]. Concondial，Department of build scienece，Concordial. Univ，2004.

[19] A. K. Athienitis，A. Tzempelikos. A methodology for simulation of daylighting luminance distribution and light dimming for a room with a controlled shading device[J]. Solar Energy，2007，81(1)：369-382.

[20] D. R. G. Hunt，M A，MCIBS. Predicting artificial lighting use a method based upon observed patterns of behavior[J]. Lighting Research Technology，1980，12(1)：7-14.

[21] Jie Xiong，Ying-Chieh Chan，Athanasios Tzempelikos. Model-based shading and lighting controls considering visual comfort and energy use [C]，Lausanne Switzerland，CISBAT，2015，253-258.

[22] 石野幸三．室内照明计算方法[M]．北京：计量出版社，1984.

[23] 刘雅凝．办公建筑的天然采光与能耗研究[D]．天津：天津大学，2008.

[24] B. Sun, Q. S. Jia, P. Luh. Optimal integrated control for window, shadings, lights and HVAC system for energy saving and indoor comfort [J]. Transactions on Automation Science and Engineering, 2010.

[25] A. Tzempelikos, A, K. Athienitis. The impact of shading design and control on building cooling and lighting demand [J]. Solar Energy, 2008, 82(1): 1172-1191.

[26] Koo S Y, Yeo M S, Kim K W. Automated blind control to maximize the benefits of daylighting buildings [J]. Building and Environment, 2010, 45(6): 1508-1520.

[27] C. Franzetti, G. Fraisse, G. Achard. Influence of the coupling between daylight and artificial lighting on thermal loads in office buildings [J]. Energy and Buildings, 2004, 36(2): 117-126.

[28] M. V. Nielsen, S. Syendsen, L. B. Jensen. Quantifying the potential of automated dynamic solar shading in office building through integrated simulations of energy and daylight [J]. Solar Energy, 2011, 85(1): 757-768.

[29] Heiselberg Per. Characteristics of airflow from open windows[J]. Building and Environment, 2001, 36(7): 859-869.

[30] H. Spindler, L. K. Norford. Naturally ventilated and mixed-mode buildings-part Ⅱ: Optimal Control[J]. Building and Environment, 2009, 44(4): 750-761.

[31] A. Mahdavi, C. Proghof. A model-based approach to natural ventilation[J]. Building and Environment, 2008, 43(4): 620-627.

[32] Karl Terpager Andersen. Theory for natural ventilation by thermal buoyancy in one zone with uniform temperature [J]. Building and Environment, 2003, 38(1): 1281-1289.

[33] G. R. Hunt, P. F. Linden. The fluid mechanics of natural ventilation displacement ventilation by buoyancy-driven flows assisted by wind[J]. Building and Environment, 1999, 34(1): 707-720.

[34] G. Yun. Y, P. T, K. S. Thermal performance of a naturally ventilated building using a combined algorithm of probabilistic occupant behavior and deterministic heat and mass balance models [J]. Energy and Buildings, 2009, 41(5): 489-499.

[35] J. Fergus Nicol, Michael A Humphreys. A stochastic approach to thermal comfort occupant behavior and energy use in buildings[J]. ASHRAE Transactions, 2004, 55(2): 554-568.

[36] Raja, I. A. , J. F. Nicol, K. J. McCartney. The significance of controls for achieving thermal comfort in naturally ventilated buildings [J]. Energy and Buildings, 2001, 33(1): 235-244.

[37] Z. W. Luo, J. N. Zhao, J. Gao, L. X. He. Estimating natural ventilation potential considering both thermal comfort and IAQ issues [J]. Building and Environment, 2007, 42(6): 2289-2298.

[38] R. M. Yao, B. Z. Li, K. Steemers, A. Short. Assessing the natural ventilation cooling potential of office building in different climate zones in China [J]. Renewable energy, 2009, 34(1): 2697-2705.

[39] Xiaoyan Xu, Qingshan Jia, Xi Chen, Xiaohong Guan, Ziyan Jiang. Analysis of energy saving potential using natrual ventilation and shading in four major cities in china[C]. 2011, Yantai, China, the 31th Chinese Control Conference, 472-478.

[40] L. N. Yang, Y. G. Li. Cooling load reduction by using thermal mass and night ventilation[J]. Energy and Buildings, 2008, 40(1): 2052-2058.

[41] L. Yang, G. Zhang, Y. Li, Y. Chen. Investigating potential of natural driving forces for ventilation in four major cities in China [J]. Building and Environment, 2005, 40(1): 738-746.

[42] Dounis A I, Tiropanis P, Argiriou A, Diamantis A. Intelligent control system for reconciliation of the energy savings with comfort in buildings using soft computing techniques [J]. Energy and Buildings, 2011, 43(1): 66-74.

[43] S Soyguder, H Alli. An expert system for the humidity and temperature control in HVAC systems using ANFIS

and optimization with fuzzy modeling approach[J]. Energy and Buildings, 2009, 41(1): 814-822.

[44] Frauke Oldewurtel, Alessandra Parisio, Colin N. Jones, Manfred Morari. Energy efficient building climate control using model predictive control and weather predictions [J]. Energy and Buildings, 2012, 32(1): 1156-1178.

[45] Ion Hazyuk, Christian Ghiaus, David Penhouet. Optimal temperature control of intermittently heated buildings using model predictive control: part Ⅱ, control algorithm [J]. Building and Environment, 2012, 36 (1): 1-7.

[46] 柳哲．公共建筑空调系统建模与节能优化研究[D]. 北京：清华大学，2016.

[47] Yao, J. Chen. Global optimization of a central air-conditioning system using decomposition - coordination method[J]. Energy and Buildings, 2010. 42(1): 570-583.

[48] M. Garcia-San and J. Florez. Adaptive optimum start-up and shut down time controllers for heating systems based on a robust gradient method[J]. Control Theory Application, 1994, 5(1): 323-328.

[49] Florez, J, and Barney, G. c. Adaptive control of central heating system optimum start time control [J]. Applied Mathematic Modelling, 1987, 1(1): 89-95.

[50] A. L. Dexter, P. Haves. A robust self-tuning predictive controller for HVAC applications [J]. ASHRAE Transactions, 1998, 95(1): 431-438.

[51] Feng zengxi, Ren Qingchang, Yu Junqi. The optimum start-up of central air-conditioning based on neural network[C]. The 3rd IEEE International Conference on Computer Science and Information Technologyy 2010, Chengdu, China.

[52] 彦启森，赵庆珠．建筑热过程[M]. 北京：中国建筑工业出版社，1986.

[53] D. P. Bertseka, J. N. Tsitsiklis. Neuro-dynamic programming[M]. Belmont, MA, Athena Scientific, 1996.

[54] 周谟仁．流体力学泵与风机[M]. 北京：中国建筑工业出版社，1994.

[55] Xiao. Y. Xu, Qing. S. Jia, X. H. Guan. Simulation-based optimization for policy improvement of HVACs and natural ventilation during the HVAC start-up period in buildings[C]. The 2nd Conference of Chinese Automatic Control, Beijing, China, 2012, 45-49.

[56] 徐小艳，贾庆山，管晓宏，李黎，基于神经网络的建筑空调系统最优停机时间的预测与控制[J]，西安交通大学学报，2013，47(10)：31-36.

[57] J. E. Braun, K. H. Lee. Assessment of the demand limiting using building thermal mass in small commercial buildings [J]. ASHRAE Transactions, 2006, 23(1): 205-208.

[58] J. E. Braun, Z. Z. Zhong. Development and evaluation of a night ventilation precooling algorithm[J]. HVAC & R Research, 2005, 11(3): 433-458.

[59] K. Keeney, J. Braun. Application of building pre-cooling to reduce peak cooling requirements [J]. ASHRAE Transactions, 1997, 103(1): 463-479.

[60] I. H. Yang. Development of artificial neural network model to predict the optimal pre-cooling time in office buidlings[J]. Journal of Asian Architecture and building engineering, 2010, 9(2): 539-546.